ISBN 978-3-662-24483-8 ISBN 978-3-662-26627-4 (eBook)
DOI 10.1007/978-3-662-26627-4

Sonderabdruck aus
„Ingenieur-Archiv", 27. Band, 1. Heft, 1959, S. 1—32

Springer-Verlag · Berlin / Göttingen / Heidelberg

Beiträge zur Berechnung von Kaplanturbinen

Von J. **Raabe**

1. Einleitung. Die zunächst empirische Entwicklung der Kaplanturbine ergab infolge der nahezu gleichzeitigen Ausbildung der Theorie des gebundenen Wirbelfadens, welche von *L. Prandtl* ausging, einen der Prüfsteine für diese Methode. Durch die Arbeiten von *W. Birnbaum*[1] aus dem Jahre 1923 angeregt, gelang es erstmals *M. Schilhansl*[2] 1927, diese Singularitätenmethode auf das einfache Modell einer koaxial zylindrischen Laufradströmung anzuwenden. Die experimentellen Untersuchungen von *K. Hahn*[3] im Jahre 1933 an Kaplanlaufrädern verschiedener Flügelzahl sicherten den Anwendungsbereich dieses Modells. *P. Ruden*[4] verfeinerte 1937 die Vorstellung von der Laufradströmung im Zusammenhang mit Versuchen an Verdichterlaufrädern von verschiedener Form und Flügelzahl, die an Hand einer 1931 von *A. Betz*[5] entwickelten Methode unter zusätzlicher Berücksichtigung der Verdrängungswirkung der Flügel und unter Beachtung der freien Wirbel und der *Euler*schen Gleichungen gedeutet wurden. 1951 gelang es *M. Strscheletzky*[6], die für die Kaplanturbine typische Strömung in Leitrad und Übergangsraum in Übereinstimmung mit Versuchen zu erklären.

Die vorliegende Arbeit[7], die sich auf Versuche des Verfassers an einem nach der Singularitätenmethode entwickelten Laufrad stützt, berücksichtigt vor allem die Verträglichkeit der Strömung in den Querschnitten aufeinanderfolgender Bauteile (Leitrad, Laufrad, Saugrohr) beim Entwurf. Außerdem bringt sie methodische und grundsätzliche Ergänzungen, die sich auf die angenäherte zwei- und dreidimensionale Behandlung der Strömung sowie die Berechnung der Kennlinien einer Teilturbine beziehen.

2. Die ebene inkompressible Strömung durch das gerade Gitter. Nimmt man innerhalb des Laufrades einer Kaplanturbine rotationssymmetrische, äquidistante Stromflächen an, dann kann man bekanntlich dessen Durchströmung auf das Modell der ebenen, wirbelfreien Strömung durch ein gerades Gitter aus Profilen zurückführen. Außer der Teilung t und der Profillänge L ergeben sich aus der ebenen Gittertheorie[8] als wesentliche Parameter des Strömungsvorganges der Winkel β_{p0}, den die auftriebslose Anströmrichtung mit der Gitterachse einschließt, und der Gitterverstärkungsfaktor K, welcher definiert ist durch

$$K = \lim_{\delta_0 \to 0} \left[\left(\frac{\partial c_a}{\partial \delta_0} \right)_{Gitter} : \left(\frac{\partial c_a}{\partial \delta_0} \right)_{Einzelflügel} \right], \tag{1}$$

Dabei bezeichnet δ_0 den Nullanstellwinkel, den die um β_∞ gegen die Gitterachse (gleich Umfangsrichtung) geneigte Anströmgeschwindigkeit w_∞ mit der auftriebslosen Anströmrichtung einschließt und c_a den Auftriebsbeiwert.

Es werde im folgenden eine Strömung von geringer Reibung angenommen, wobei ein kleiner Gleitwinkel ε vorliegt und wobei die obigen Gitterkennwerte mit guter Näherung mittels bekannter Methoden[8] aus der ebenen Potentialströmung entnommen werden können. Bei den hier betrach-

[1] *W. Birnbaum*, Z. angew. Math. Mech. 3 (1923), S. 290.
[2] *M. Schilhansl*, Jahrb. wiss. Ges. für Luftfahrt, München (1927), S. 151.
[3] *K. Hahn*, Untersuchung der Strömung durch eine Flügelradturbine bei verschiedenen Schaufelzahlen. Dissertation Karlsruhe 1935.
[4] *P. Ruden*, Luftfahrtforschung 14 (1937), S. 327.
[5] *A. Betz*, Ing.-Arch. 2 (1931), S. 359.
[6] *M. Strscheletzky*, Ing.-Arch. 19 (1951), S. 309.
[7] Die Arbeit ist eine Kurzfassung der von der Fakultät für Maschinenwesen und Elektrotechnik der TH München genehmigten und am 13. 7. 1955 eingereichten Habilitationsschrift des Verfassers. Der Verfasser dankt an dieser Stelle Herrn Prof. Dr.-Ing. *K. Hahn* für seine wohlwollende, stetige Unterstützung, die einen Abschluß dieser Arbeit erst ermöglicht hat.
[8] Siehe außer den Arbeiten von *Birnbaum*, *Betz* und *Schilhansl* die folgenden Arbeiten: *E. König*, Z. angew. Math. Mech. 2 (1922), S. 422; *F. Weinig*, Strömung in Schaufeln von Turbomaschinen, Leipzig 1935; *E. Pistolesi*, L'Aerotecnica, 17 (1937) S. *J. Ackeret*, Schweizer Bauztg. 120 (1942) S. 120; *H. Schlichting*, Berechnung der reibungslosen, inkompressiblen Strömung für ein vorgegebenes Schaufelgitter, VDI Forschungsheft 447 (1955).

teten dünnen Profilen kann der Dickeneinfluß entweder vernachlässigt oder durch die in Abschnitt 3 dargestellte Näherungsmethode bestimmt werden. Mit dem oben definierten Nullanstellwinkel $\beta_\infty - \beta_{p0}$, einem die Zirkulationsminderung in wirklicher Strömung berücksichtigenden Beiwert $m < 2\pi$, welcher annähernd aus der Kennlinie des Einzelprofils in ebener Strömung entnommen werden kann, und dem Gitterverstärkungsfaktor K ergibt sich bekanntlich der Auftriebsbeiwert im Gitterverband zu

$$c_a = m\,K \sin(\beta_\infty - \beta_{p0})\,. \tag{2}$$

Für die hier betrachteten kleinen Anstellwinkel darf man[1] annehmen, daß K nur von dem Winkel der auftriebslosen Anströmrichtung gegen die Gitterachse β_{p0} und dem Teilungsverhältnis t/L abhängt:

$$K = K(\beta_{p0}, t/L)\,. \tag{3}$$

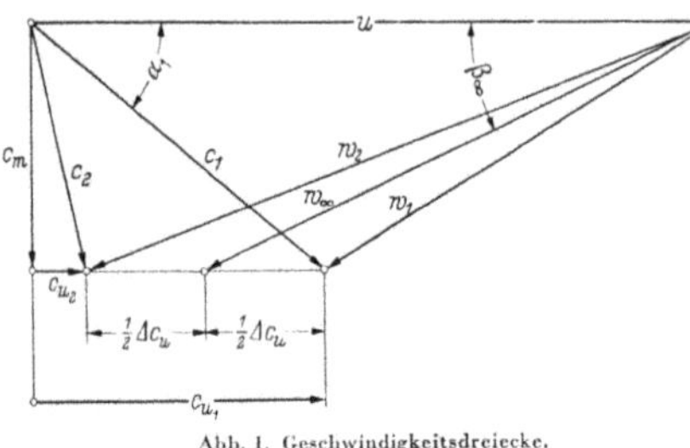

Abb. 1. Geschwindigkeitsdreiecke.

Gleichung (2) kann man in der folgenden Form schreiben:

$$c_a = m\,K(\sin\beta_\infty \cos\beta_{p0} - \cos\beta_\infty \sin\beta_{p0})\,. \tag{4}$$

Mittels der bekannten Gitterbemessungsgleichung für Turbinen[2]

$$c_a = \frac{2\,t}{L}\,\frac{\Delta c_u}{w_\infty(1 - \operatorname{tg}\varepsilon \operatorname{ctg}\beta_\infty)} \tag{5}$$

und den beiden aus den Geschwindigkeitsdreiecken (Abb. 1) zu entnehmenden Beziehungen

$$w_\infty \sin\beta_\infty = c_m\,, \tag{6}$$

$$w_\infty \cos\beta_\infty = u - c_m \operatorname{ctg}\alpha_1 + \frac{1}{2}\Delta c_u \tag{7}$$

kann man $\operatorname{ctg}\beta_\infty$ auf c_m, u, Δc_u und α_1 zurückführen. Auf diese Weise erhält man eine Gleichung zweiten Grades für die Ablenkungsgeschwindigkeit Δc_u, deren Wurzeln mit der Abkürzung

$$\varkappa = \frac{4\,t}{m\,L\,K \sin\beta_{p0}} \tag{8}$$

die folgende Form haben:

$$\begin{aligned}\Delta c_u = {} & [\operatorname{ctg}\beta_{p0} + \operatorname{ctg}\varepsilon(1+\varkappa) + 2\operatorname{ctg}\alpha_1]\,c_m - 2\,u \\ & \mathop{}_{(+)}^{-}\sqrt{c_m^2\{[\operatorname{ctg}\beta_{p0} + \operatorname{ctg}\varepsilon(1+\varkappa)]^2 + 4\operatorname{ctg}\varepsilon(\varkappa \operatorname{ctg}\alpha_1 - \operatorname{ctg}\beta_{p0})\} - 4\,\varkappa \operatorname{ctg}\varepsilon\, c_m\, u}\,.\end{aligned} \tag{9}$$

Da Δc_u wesentlich positiv ist, gilt nur das obere Vorzeichen vor der Wurzel.

Formel (9) stellt die Ablenkungsgeschwindigkeit Δc_u als Funktion der Durchflußgeschwindigkeit c_m, der Umfangsgeschwindigkeit des Gitters u, der Gitterparameter β_{p0} und t/L und des Gleitwinkels ε dar. Da die bei den üblichen kleinen Gleitwinkeln sehr großen Glieder mit $\operatorname{ctg}\varepsilon$ sich nahezu aufheben, kann der Einfluß des Gleitwinkels nur bei sehr genauer numerischer Auswertung von (9) erfaßt werden. Man entwickelt daher zweckmäßig die Wurzel von (9) nach Ausklammerung der Glieder mit $\operatorname{ctg}\varepsilon$ in eine binomische Reihe, deren Summanden wieder in geometrische Reihen zu zerlegen sind. Auf diese Weise bekommt man mit den Abkürzungen

$$g = 1 + \varkappa\,, \tag{10a}$$

$$f = 4\left[\varkappa\left(\operatorname{ctg}\alpha_1 - \frac{u}{c_m}\right) - \operatorname{ctg}\beta_{p0}\right] \tag{10b}$$

die folgende Abhängigkeit der Ablenkungsgeschwindigkeit von den Potenzen von $\operatorname{tg}\varepsilon$:

$$\Delta c_u = 2\operatorname{ctg}\alpha_1\, c_m - 2\,u + c_m \sum_{n=0}^{\infty}\sum_{m=0}^{n}(-1)^{n+1}\binom{1/2}{m+1}\operatorname{tg}^n\varepsilon\, \operatorname{ctg}^{n-m}\beta_{p0}\, g^{m-n-1} f^{m+1}. \tag{11a}$$

Da in (11a) eine alternierende Reihe der Potenzen von $\operatorname{tg}\varepsilon$ vorliegt, ist der Fehler, den man bei Vernachlässigung des Gleitwinkeleinflusses begeht, kleiner als das im allgemeinen sehr kleine, in $\operatorname{tg}\varepsilon$ lineare Glied der Reihe. Weil man den Einfluß des Gleitwinkels auch durch geeignete Wahl des Beiwertes m (2) berücksichtigen kann, wird im folgenden der Zusammenhang (11a) stets auf

[1] *K. Pantell*, Wasserkraft u. Wasserwirtschaft 28 (1933) S. 241.
[2] *W. Bauersfeld*, Z. VDI 66 (1922) S. 461.

den eines verschwindenden Gleitwinkels ε spezialisiert. Man erhält hierfür aus (11a) die Beziehung

$$\Delta c_u = \frac{2}{\varkappa + 1} \left[(\operatorname{ctg} \alpha_1 + \operatorname{ctg} \beta_{p0}) \, c_m - u \right], \tag{11b}$$

welche für den Sonderfall des geraden Streckengitters in ebener Potentialströmung als strenge Lösung bekannt ist.[1]

Mit Beachtung von (3) und (8) stellt (11) bei vorgegebenen Geschwindigkeitsdreiecken eine Beziehung zwischen der durch β_{p0} gekennzeichneten auftriebslosen Anströmrichtung des Gitters und dem Teilungsverhältnis t/L dar.

Wie später gezeigt werden wird, ist für den Zylinderschnitt des Flügels entweder t/L oder β_{p0} vorgeschrieben. Damit kann bei gegebenen Entwurfsdaten, wie dies in Abschnitt 7b angegeben ist, Gleichung (11) zur Bestimmung von β_{p0} bzw. t/L verwendet werden. In den folgenden Abschnitten soll gezeigt werden, wie man aus t/L, β_{p0} und den Geschwindigkeitsdreiecken ein möglichst kavitationssicheres Profil und dessen Staffelungswinkel β, welchen die Skelettsehne des Profils mit der Gitterachse einschließt, erhält.

3. Die genäherte Bestimmung der auftriebslosen Anströmrichtung im Gitterverband bei dünnen, schwach gewölbten Profilen. Bei sehr dünnen Profilen ist der Winkel, welchen die auftriebslose Anströmrichtung und die Skelettsehne miteinander bilden, nur von den Wölbungsparametern des Skeletts und den Gitterparametern abhängig.[2]

Bei mäßig dünnen Profilen kann man in erster Näherung den Dickeneinfluß dadurch berücksichtigen, daß man den Winkel β_{p0}, den die auftriebslose Anströmrichtung des Skeletts im Gitterverband mit der Gitterachse einschließt, um einen Betrag

$$\Delta\delta = -\frac{1}{K} (\chi_1 B_1 + \chi_2 B_2) \tag{12}$$

vermehrt. Hierin hängen B_1 und B_2, wie im folgenden gezeigt werden wird, gemäß Abb. 2 und Abb. 3 von den Gitterparametern β_{p0} und t/L ab. Die Winkel χ_1 und χ_2 werden gemäß Abb. 4

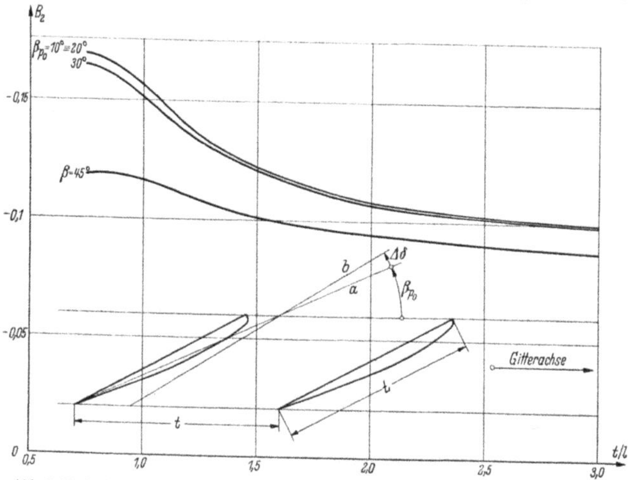

Abb. 2. Verlauf der Einfußfunktion $B_2(t/L, \beta_{p0})$ und Erläuterungsskizze zu den Gitterkenngrößen.

von den gegenüberliegenden Seiten eines Polygons gebildet, welches dem Profiltropfen einbeschrieben ist. Durch (12) wird auch der Einfluß des endlichen Hinterkantenwinkels χ_3 (Abb. 4) erfaßt, da dieser infolge der Schließbedingung für den Polygonzug wie folgt mit den beiden in (12) enthaltenen Winkeln χ_1 und χ_2 zusammenhängt:

$$\chi_3 = -\chi_1 - \chi_2 . \tag{13}$$

[1] Siehe die Arbeit von *Weinig* in Fußnote 8 von Seite 1.
[2] Siehe die Arbeit von *Pantell* in Fußnote 1 von Seite 2.

Ersetzt man den Profiltropfen dünner Profile mit rektifizierter Mittellinie analog Abb. 4 durch einen Polygonzug, dessen gegenüberliegende Seitenpaare die Winkel χ_i einschließen, dann bekommt man für die Neigungsänderung der auftriebslosen Richtung infolge endlicher Profildicke s_i die zu (12) analoge, allgemeine Beziehung

$$\Delta\delta = \frac{1}{K}\sum_{i=1}^{n-1} B_i \chi_i\,, \tag{14}$$

worin K und B_i näherungsweise nur von den Parametern eines aus den Skeletten der Profile gebildeten Gitters abhängen. Zu (14) gelangt man, wenn man zur Erzeugung des Profils jeden der n durch die Polygonabschnitte begrenzten ξ_i-Bereiche mit Einheitsquellen von jeweils konstanter Stärke q_i belegt, welche bekanntlich mit χ_i, der Polygondicke $s_{ip} \approx s_i$ und der ungestörten Anströmgeschwindigkeit w_∞ näherungsweise durch die Beziehungen

$$q_i = w_\infty \cdot \chi_i\,, \tag{15}$$

$$\chi_i = \frac{ds_{ip}}{d\xi_i} \tag{16}$$

verbunden sind. Der aus (16) folgende Geradenzug schließt sich dann zum Polygon, wenn man die Neigungswinkel χ_i gegenüberliegender Seiten der Bedingung

$$\sum_{i=1}^{n-1} \chi_i\,\Delta\xi_i = 0 \tag{17}$$

unterwirft, die sich für die gewählten drei Abschnitte zur obigen Gleichung (13) spezialisiert.

Betrachtet man ein gerades Profilgitter vom Staffelungswinkel $\beta \approx \beta_{p0}$ und der

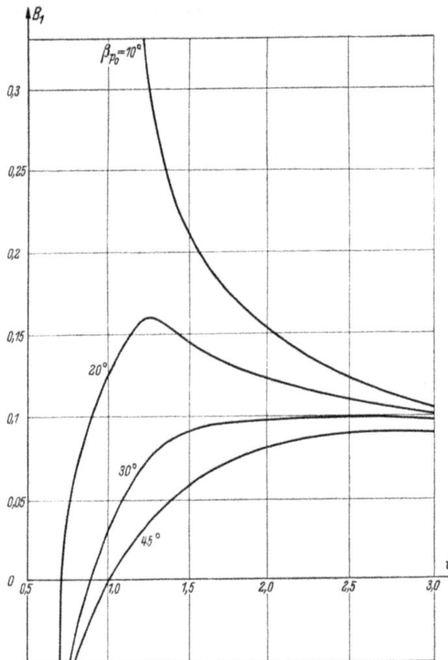

Abb. 3. Verlauf der Einflußfunktion $B_1(t/L, \beta_{p0})$.

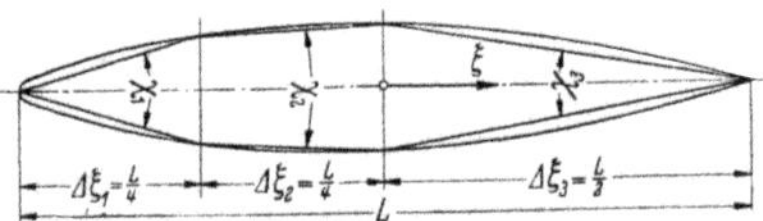

Abb. 4. Ersatz des Profiltropfens durch ein Polygon.

Teilung t, und belegt man die i-Abschnitte aller Skelette mit Einheitsquellen q_i, dann erzeugen diese am Punkt $\xi = \xi_0$ von der Sehne des Aufskeletts normal zu dieser bekanntlich[1] die Geschwindigkeit

$$V_{\xi_0, q_i} = \frac{1}{2t}\int_{\xi_{iu}}^{\xi_{io}} q_i \frac{\cos\beta\,\mathfrak{Sin}\left[2\pi\frac{\xi_0-\xi_i}{t}\sin\beta\right] - \sin\beta\,\sin\left[2\pi\frac{\xi_0-\xi_i}{t}\cos\beta\right]}{\mathfrak{Cof}\left[2\pi\frac{\xi_0-\xi_i}{t}\sin\beta\right] - \cos\left[2\pi\frac{\xi_0-\xi_i}{t}\cos\beta\right]}\,d\xi_i\,. \tag{18}$$

Mit q_i aus (15) kann man V_{ξ_0, q_i} geschlossen darstellen als

$$V_{\xi_0, q_i} = -\frac{w_\infty\,\chi_i}{2\pi}\left\{\operatorname{arc\,tg}\left[\frac{\mathfrak{Tg}\left[\frac{\pi}{t}(\xi_0-\xi_{iu})\sin\beta\right]}{\operatorname{tg}\left[\frac{\pi}{t}(\xi_0-\xi_{iu})\cos\beta\right]}\right] - \operatorname{arc\,tg}\left[\frac{\mathfrak{Tg}\left[\frac{\pi}{t}(\xi_0-\xi_{io})\sin\beta\right]}{\operatorname{tg}\left[\frac{\pi}{t}(\xi_0-\xi_{io})\cos\beta\right]}\right]\right\}, \tag{19}$$

wobei $\xi_{io} - \xi_{iu} = \Delta\xi_i$ die Erstreckung des i-ten Polygonabschnittes in ξ-Richtung ist.

[1] *N. Scholz*, Strömungsuntersuchung von Schaufelgittern, VDI-Forschungsheft 442 (1954) S. 29.

Diese mit einer tangentialen Umströmung des Skeletts (bzw. Profils) unverträgliche Geschwindigkeit erfordert eine zusätzliche Belegung der Skelette mit Einheitswirbeln der Stärke γ_q, deren Induktion normal zur Skelettsehne im Punkt ξ_0 die Geschwindigkeit $\sum_{i=1}^{n} V_{\xi_0, q_i}$ gerade aufhebt. Es muß also gelten

$$V_{\xi_0, \gamma_q} + \sum_{i=1}^{n} V_{\xi_0, q_i} = 0 . \tag{20}$$

Wählt man für γ_q die ersten drei Glieder der *Birnbaum*schen Reihe, dann kann der Bedingung (20) an drei Aufpunkten genügt werden. Es seien hierfür die von *Birnbaum* benutzten Punkte gewählt[1]. Dabei wird nach dem Vorgang von *Pantell*[2] näherungsweise β_∞ durch β_{p0} ersetzt. Für die Freiwerte a, b, c der ersten drei Glieder der Reihe von γ_q erhält man so drei lineare Gleichungen. Damit ergibt sich bei Beachtung der Schließbedingung (17) und mit den bekannten Beziehungen

$$c_a = \pi \left(2\,a + b + \frac{c}{3}\right), \tag{21a}$$

$$\Delta\delta = \frac{c_a}{2\,\pi\,K} \tag{21b}$$

der in (14) angegebene Zusammenhang, welcher sich für den hier behandelten aus drei Seitenpaaren bestehenden Polygonzug zu (12) spezialisiert[3].

4. Die genäherte Bestimmung der für die Kavitationssicherheit optimalen Schaufelform beim geraden Gitter in ebener Potentialströmung. Nach der Bemerkung am Schluß des Abschnittes 2 ist es wichtig, bei einem Gitter von gegebenen Parametern t/L und β_{p0} in einer Strömung von gegebenen Geschwindigkeitsdreiecken die kavitationssicherste Flügelform zu finden. Sie folgt aus der Forderung nach konstantem Druckverlauf auf der Saugseite des Flügels. Die Aufgabe werde gelöst unter der Annahme, daß es sich um dünne, schwach gewölbte Profile von kleinem Anstellwinkel handelt.

Wenn die Wirbelbelegung γ und die Quellenbelegung q vom Restgitter[4] auf der Sehne des Aufprofils die Längsgeschwindigkeiten $V_{\xi,\gamma,R}$ und $V_{\xi,q,R}$ erzeugen, dann führt die gewünschte konstante Geschwindigkeit längs der Saugseite w_s auf die bei kleinem Anstellwinkel gültige Beziehung[5]

$$w_s = w_\infty + \frac{\gamma}{2} + V_{\xi,\gamma,R} + V_{\xi,q,R} = \text{konst.} \tag{22}$$

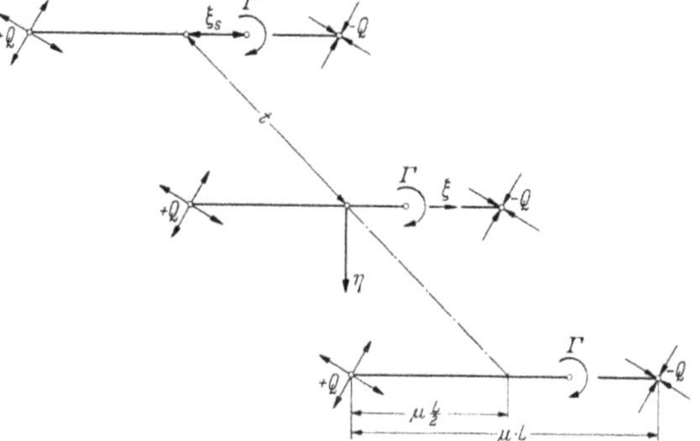

Abb. 5. Modell eines geraden Profilgitters zur angenäherten Bestimmung der vom Restgitter an einem Aufpunkt erzeugten Geschwindigkeiten.

Zur genäherten Bestimmung der Längsgeschwindigkeiten durch das Restgitter $V_{\xi,\gamma,R}$ und $V_{\xi,q,R}$ diene ein in Abb. 5 dargestelltes Gittermodell. Bei diesem wird die Verdrängungswirkung eines Profils von der maximalen Dicke s_{max} in einer Strömung von der ungestörten Anströmgeschwindigkeit w_∞ durch eine Quelle und Senke von der Stärke

$$Q = s_{max}\, w_\infty \tag{23}$$

[1] Siehe die Arbeit von *Birnbaum* in Fußnote 1 auf Seite 1.
[2] Siehe die Arbeit von *Pantell* in Fußnote 1 auf Seite 2.
[3] Die formelmäßige Abhängigkeit der Größen B_1 und B_2 von den Gitterparametern, welche aus der vorhergehenden Darstellung ohne Schwierigkeit folgt, ist hier wegen ihrer Weitläufigkeit unterdrückt.
[4] Unter Restgitter werden alle Flügel eines Gitters verstanden mit Ausnahme des sogenannten Aufflügels, welcher den Aufpunkt enthält.
[5] Siehe die Arbeit von *Schilhansl* in Fußnote 2 auf Seite 1.

erzeugt, welche im Abstand $+\mu L/2$ und $-\mu L/2$[1] vom Ursprung $\xi = 0$ (in der Mitte der Skelettsehne) liegen. Die Zirkulation um ein Profil, welche bekanntlich mit der Ablenkungsgeschwindigkeit Δc_u, der Teilung t und der Wirbelbelegung γ in dem Zusammenhang

$$\Gamma = \int_{-L/2}^{+L/2} \gamma \, d\xi = \Delta c_u \cdot t \tag{24}$$

steht, soll durch einen Stabwirbel verursacht werden, welcher im Druckmittelpunkt des Profils an der Stelle $\xi = \xi_s$ angeordnet ist. Dabei falle die ξ-Achse gemäß Abb. 5 in die Richtung der um den Winkel β gegen die Gitterachse geneigten Skelettsehne.

Entwickelt man die konjugierte Geschwindigkeit[2] der Singularitätenanordnung von Abb. 5 in eine Potenzreihe von ξ, dann ergibt bekanntlich das erste zu ξ umgekehrt proportionale Glied die Wirkung der einzelnen Singularität des Aufprofils wieder. Das folgende in ξ lineare Glied liefert dann in erster Näherung die Wirkung der übrigen Singularitäten. Auf diese Weise gewinnt man die Längsinduktion des Restgitters zu

$$V_{\xi,\gamma,R} + V_{\xi,p,R} = \frac{\pi}{6} \frac{(\xi - \xi_s)}{t} \Delta c_u \sin 2\beta - \frac{\pi \mu}{6} \frac{s_{max}}{t} \frac{L}{t} w_\infty \cos 2\beta . \tag{25}$$

Um die Gleichung (22) zu erfüllen, hebt man zweckmäßig das in ξ längs der Flügeloberfläche veränderliche Glied der letzten Gleichung (25) durch den Ansatz

$$\gamma = \gamma_0 + 2\gamma_\xi \frac{\xi}{L} \tag{26}$$

auf.

Über die Beziehung

$$\xi_s = \frac{1}{W_\infty \Gamma} \int_{-L/2}^{+L/2} \gamma \xi \, d\xi \tag{27}$$

bekommt man mit (24) und (26) die folgenden Gleichungen für γ_0, γ_ξ und ξ_s:

$$\gamma_0 = \Delta c_u \frac{t}{L}, \tag{28}$$

$$\gamma_\xi = -\frac{\pi}{6} \frac{L}{t} \Delta c_u \sin 2\beta , \tag{29}$$

$$\xi_s = -\frac{\pi}{36} \left(\frac{L}{t}\right)^2 L \sin 2\beta . \tag{30}$$

Damit wird die saugseitige Geschwindigkeit gemäß (22)

$$w_s = w_\infty \left(1 - \mu \frac{\pi}{6} \frac{s_{max}}{t} \frac{L}{t} \cos 2\beta\right) + \Delta c_u \left[\frac{t}{2L} + \frac{\pi^2}{216} \left(\frac{L}{t}\right)^3 \sin^2 2\beta\right] . \tag{31}$$

Mit $w_s = w_{s\,max}$ und $\mu = \frac{2}{3}$ ergibt sich auch der in der folgenden Bestimmungsgleichung für den *Thoma*schen Kavitationsbeiwert σ bei drallfreiem Austritt

$$\sigma = \eta_{sm} \frac{c_m^2}{2gH} + \lambda \frac{w_2^2}{2gH} \tag{32}$$

[1] Legt man Quelle und Senke in den Schwerpunkt der Quellen- und Senkenbelegung eines Profils, dann wird bei einer den Großausführungen näherungsweise entsprechenden, durch

$$s = 4\, s_{max} \left(\sqrt{\frac{\frac{L}{2} + \xi}{L}} - \frac{\frac{L}{2} + \xi}{L} \right)$$

gekennzeichneten Profiltropfenform der Wert $\mu = \frac{2}{3}$.

[2] Siehe etwa *W. Kaufmann*, Technische Hydro- und Aeromechanik, S. 298ff, Berlin/Göttingen/Heidelberg 1954.

enthaltene Beiwert λ an dem betrachteten Profil zu

$$\lambda = \frac{u_{s\,max}^2}{u_2^2} - 1 = \frac{\left\{\left[\frac{\pi^2}{216}\left(\frac{L}{t}\right)^3 \sin^2 2\,\beta + \frac{t}{2\,L}\right]\frac{\Delta c_u}{w_\infty} - \frac{\pi}{9}\frac{s_{max}}{t}\frac{L}{t}\cos\beta + 1\right\}^2}{\frac{1}{4}\left(\frac{\Delta c_u}{w_\infty}\right)^2 + \frac{\Delta c_u}{w_\infty}\cos\beta_\infty + 1} - 1 \tag{33a}$$

in Abhängigkeit von den Profil- und Gitterparametern β, t/L, s_{max} und den Größen Δc_u, w_∞ und β_∞ der Geschwindigkeitsdreiecke. Bei gegebener Ortshöhe h, Saughöhe h_s, Fallhöhe H und Dampfdruckhöhe h_d erfordert der kavitationsfreie Betrieb bekanntlich einen Kavitationsbeiwert von höchstens $\sigma_{max} = H^{-1}\,[10{,}33 - h_d - 0{,}0012\,h - h_s]$ (wobei alle Höhen in [m] vorausgesetzt werden). Dadurch ist mit den Geschwindigkeitsdreiecken und dem Saugrohrwirkungsgrad η_{sm} der Wert λ gegeben. Liegen $s_{max}:t$ und β für einen Zylinderschnitt fest, dann folgt das Überdeckungsverhältnis $L:t$ bei einem Flügel von konstantem saugseitigen Druck mit Rücksicht auf Kavitationssicherheit aus Gleichung (33a), welche näherungsweise in der einfachen Form

$$\lambda = \left[\frac{t}{2\,L}\frac{\Delta c_u}{w_\infty} + 1\right]^2 - 1 \tag{33b}$$

verwendet werden kann.

Die mit der Wirbelbelegung γ nach (26) verbundene Skelettform $\eta(\xi)$ wird bei $\gamma \ll w_\infty$ und unter den Voraussetzungen von *Birnbaum*[1]

$$\frac{2\,\eta}{L} = \frac{\Delta c_u}{w_\infty}\frac{t}{L}\left\{\frac{1}{2\,\pi}\left[F_1 + \frac{\pi}{12}\left(\frac{L}{t}\right)^2 \sin 2\,\beta\, F_2\right] - \frac{\pi}{24}\left(\frac{L}{t}\right)^2\left(\frac{2\,\xi}{L}\right)^2 \cos 2\,\beta - \frac{\pi^2}{432}\left(\frac{L}{t}\right)^4 \frac{2\,\xi}{L}\sin 4\,\beta\right\}$$
$$- \frac{\pi\,\mu}{6}\frac{s_{max}}{t}\frac{L}{t}\frac{2\,\xi}{L}\sin 2\,\beta\,. \tag{34}$$

Hierin sind F_1 und F_2 die in Tabelle 1 tabellierten folgenden Funktionen:

$$F_1 = \left|1 + \frac{2\,\xi}{L}\right|\left[\ln\left(1 + \frac{2\,\xi}{L}\right) - 1\right] + \left|1 - \frac{2\,\xi}{L}\right|\left[\ln\left(1 - \frac{2\,\xi}{L}\right) - 1\right] + 2\,, \tag{35}$$

$$F_2 = \left[1 - \left(\frac{2\,\xi}{L}\right)^2\right]\ln\left(\frac{1 + \frac{2\,\xi}{L}}{1 - \frac{2\,\xi}{L}}\right) + 2\,\frac{2\,\xi}{L}\,. \tag{36}$$

Tabelle 1. *Verlauf der Funktionen F_1 und F_2 über $2\,\xi/L$*

$\frac{2\,\xi}{L}$	—0,45	—0,4	—0,3	—0,2	—0,1	± 0
F_1	+0,989	0,736	+0,3865	+0,163	+0,041	± 0
F_2	—2,3605	—2,392	—2,088	—1,512	—0,789	± 0

F_1 ist eine gerade, F_2 eine ungerade Funktion in ξ.

Die in (34) angegebene Lösung für das Skelett mit konstantem Unterdruck auf der Saugseite gilt nicht an den Skelettenden. Man kann diesen Übelstand durch Extrapolation an den Enden beseitigen. Erfahrungsgemäß ist der Fehler dabei nicht groß. Am Profilkopf versagt ja ohnedies infolge der stets auftretenden starken Krümmung der Profiloberfläche die einfache Bedingungsgleichung (22) für konstante saugseitige Geschwindigkeit[2].

Die nach der obigen Methode ausgelegten Profile weisen auf Grund von vergleichenden Berechnungen mit einer genaueren Methode[3] eine angenähert konstante Geschwindigkeitsverteilung auf der Saugseite auf.

Als Beispiel ergeben sich für ein Gitter mit $\beta_{p0} = 20{,}5°$, $L/t = 0{,}86$ und ein durch $c_u:w_\infty = 0{,}287$ sowie $\beta_\infty = 27°$ gekennzeichnetes Ablenkungsdreieck bei $\mu = 2/3$ die in der Abb. 6 dargestellten Verläufe des Skeletts über $\frac{2\,\xi}{L}$. Man erkennt, daß das Einzelskelett von konstantem

[1] Siehe die Arbeit von *Birnbaum* in Fußnote 1 auf Seite 1.

[2] Um Geschwindigkeitsspitzen an der Eintrittskante, welche zu Kavitation führen können, zu unterdrücken, wird man diese entsprechend abrunden und so ausbilden, daß der eintrittsseitige Staupunkt in die Mitte des Bogens von der Profilnase fällt.

[3] Siehe die Arbeit von *Schlichting* in Fußnote 8 auf Seite 1.

saugseitigen Unterdruck symmetrisch zur η-Achse verläuft, daß das Skelett im geraden Gitterverband von unendlich dünnen Profilen einen S-Schlag hat und daß das Skelett im Gitterverband von dünnen Profilen einen dagegen etwas geringeren S-Schlag aufweist.

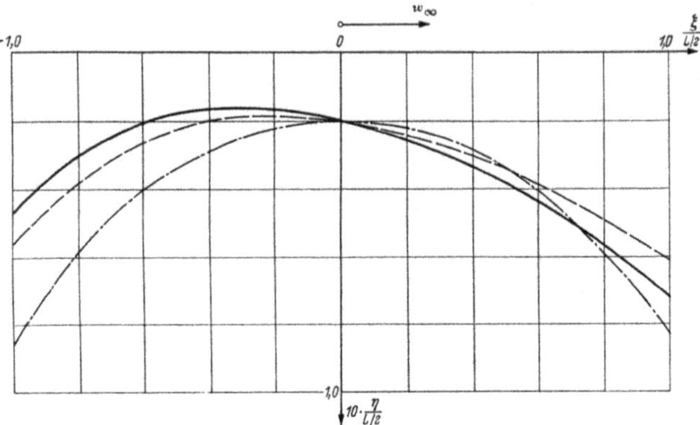

Abb. 6. Skelettformen bei angenähert konstantem Druck auf der Saugseite.

5. Die Abhängigkeit der Meridiangeschwindigkeit von der Drehzahl bei einer Teilturbine von gegebener Flügelform, Leitradstellung und gegebenen Verlustbeiwerten bei zweidimensionaler Betrachtung. Unter der Annahme rotationssymmetrischer Stromflächen innerhalb der aus Leitapparat, Laufrad und Saugrohr gedachten Turbine und unter Voraussetzung koaxial zylindrischer Stromflächen (und damit ebener stationärer Potentialströmung im Laufrad) soll untersucht werden, wie sich die auf die Ausflußgeschwindigkeit bei der Fallhöhe H bezogene Meridiangeschwindigkeit $c_{m_{id}} = c_m : \sqrt{2\,g\,H}$ von einer zwischen zwei benachbarten Stromflächen liegenden Teilturbine mit der bezogenen Umfangsgeschwindigkeit $u_{id} = u : \sqrt{2\,g\,H}$ des zugehörigen Teilflügels ändert, wenn für diese Teilturbine der vor allem von der Leitradstellung abhängige absolute Zuströmwinkel zum Laufrad α_1 (Abb. 1), der auftriebslose Anströmwinkel β_{p0} vom Laufradgitter, dessen Teilungsverhältnis t/L und Gleitwinkel ε und die Saugrohrverlustbeiwerte ζ_{su} und ζ_{sm} (welche den Druckverlust im Saugrohr zu $h = \zeta_{sm}\, c_m^2/2\,g + \zeta_{su}\, c_{u\,2}^2/\,2\,g$ bestimmen) gegeben sind.

Berücksichtigt man den Einfluß der Reibung durch geeignete Wahl des Beiwertes m in (2), dann ist der Zusammenhang zwischen der bezogenen Umlenkungsgeschwindigkeit $\Delta c_{u_{id}} = \Delta c_u : \sqrt{2\,g\,H}$ und $c_{m_{id}}$ gemäß (11b) durch

$$\Delta c_{u_{id}} = \frac{2}{\varkappa + 1}\,[(\mathrm{ctg}\,\alpha_1 + \mathrm{ctg}\,\beta_{p0})\, c_{m_{id}} - u_{id}] \tag{37}$$

gegeben.

Die Turbinenhauptgleichung lautet in bezogenen Geschwindigkeiten

$$2\, u_{id}\, \Delta c_{u_{id}} = \eta_h\,. \tag{38}$$

Hierin ist bekanntlich[1] der hydraulische Wirkungsgrad η_h in erster Näherung in nachstehender Weise von den bezogenen Geschwindigkeiten u_{id}, $\Delta c_{u_{id}}$, $c_{m_{id}}$, der Zuströmrichtung α_1, dem Gleitwinkel ε und den Saugrohrverlustbeiwerten ζ_{sm} und ζ_{su} abhängig:

$$\eta_h = 1 - \varepsilon\,\frac{u_{id}}{c_{m_{id}}} - \zeta_{sm}\, c_{m_{id}}^2 - \zeta_{su}\,(c_{m_{id}}\,\mathrm{ctg}\,\alpha_1 - \Delta c_{u_{id}})^2\,. \tag{39}$$

Damit ergibt sich aus den letzten beiden Gleichungen

$$\Delta c_{u_{id}} = -\frac{u_{id}}{\zeta_{su}} + \mathrm{ctg}\,\alpha_1\, c_{m_{id}} \overset{+}{\underset{(-)}{}} \sqrt{\frac{1}{\zeta_{su}} - \frac{\varepsilon\, u_{id}}{\zeta_{sm}\, c_{mid}} - \frac{2\,\mathrm{ctg}\,\alpha_1\, c_{mid}\, u_{id}}{\zeta_{su}} - \frac{\zeta_{sm}\, c_{m_{id}}^2}{\zeta_{su}} + \frac{u_{id}^2}{\zeta_{su}^2}}\,. \tag{40}$$

[1] *C. Keller* und *H. Bleuler*, Escher-Wyss-Mitteilungen 10 (1937) S. 85.

Durch Elimination von $\Delta c_{u_{id}}$ aus (37) und (40) bekommt man die gesuchte Abhängigkeit in der Form

$$A\, c_{m_{id}}^3 + 2\, B\, c_{m_{id}}^2\, u_{id} - C\, c_{m_{id}}\, u_{id}^2 - c_{m_{id}} + \varepsilon\, u_{id} = 0\,. \tag{41}$$

Dabei sind die Beiwerte A, B und C in nachstehender Weise durch die Parameter der Teilturbine bestimmt:

$$A = \zeta_{sm} + \zeta_{su}\,[\operatorname{ctg}\alpha_1 - N\,(\operatorname{ctg}\alpha_1 + \operatorname{ctg}\beta_{p0})]^2\,, \tag{42}$$

$$B = N\,[(\operatorname{ctg}\alpha_1 + \operatorname{ctg}\beta_{p0})\,(1 - \zeta_{su}\,N) + \zeta_{su}\operatorname{ctg}\alpha_1]\,, \tag{43}$$

$$C = 2\,N - \zeta_{su}\,N^2\,, \tag{44}$$

mit

$$N = \frac{2}{\varkappa + 1}\,, \tag{45}$$

wobei $\varkappa$ aus (8) folgt. Für $\varepsilon = 0$ erhält man die bezogene Meridiangeschwindigkeit zu

$$c_{m_{id,0}} = -\frac{B}{A}\,u_{id} \overset{+}{\underset{(-)}{}} \sqrt{\left(\frac{B}{A}\right)^2 u_{id}^2 + \frac{C}{A}\,u_{id}^2 + \frac{1}{A}}\,, \tag{46}$$

während für kleine Werte von ε aus (46) die angenäherte Beziehung

$$c_{m_{id}} = c_{m_{id,0}} - \varepsilon\,\frac{u_{id}}{2\,c_{mid,0}\,(A\,c_{mid,0} + B\,u_{id})} \tag{47}$$

folgt.

Da der Gleitwinkel im allgemeinen klein ist und dessen Beiwert in (47) etwa die Größe der Einheit hat, ist der Einfluß des Gleitwinkels auf den Verlauf der Meridiangeschwindigkeit über der Um-

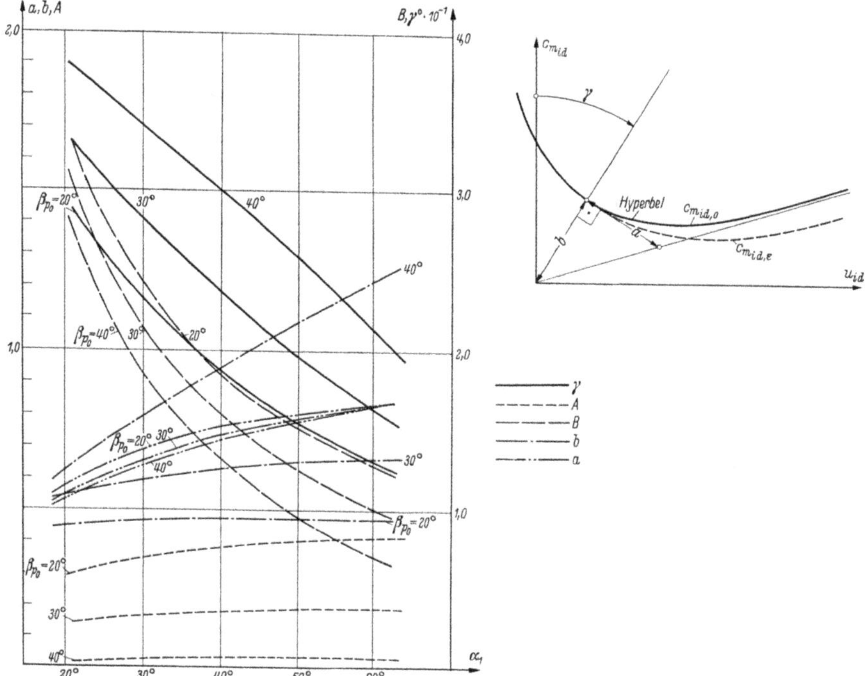

Abb. 7. Verlauf von γ, A, B, b, a über α_1 bei $L/t = 0{,}9$ $\zeta_{sm} = 0{,}2$, $\zeta_{su} = 1{,}0$ und schematischer Verlauf von $c_{mid_0}(u_{id})$ bzw. $c_{mid_\varepsilon}(u_{id})$.

fangsgeschwindigkeit gering. An Stelle der $c_{m_{id}}(u_{id})$-Linie werde daher die den Gleitwinkeleinfluß nicht enthaltende $c_{m_{id,0}}(u_{id})$-Linie diskutiert. Letztere ist mit (46) als eine Hyperbel[1] gegeben, deren Halbachsen

$$a = (A \cos^2 \gamma + B \sin 2\gamma - C \sin^2 \gamma)^{-1/2} \tag{48}$$

$$b = (A \sin^2 \gamma + B \sin 2\gamma + C \cos^2 \gamma)^{-1/2} \tag{49}$$

um den Winkel

$$\gamma = \frac{1}{2} \operatorname{arc\,tg} \frac{2B}{A+B} \tag{50}$$

im Gegenzeigersinn zur u_{id}- bzw. $c_{m_{id,0}}$-Achse gedreht sind, wie dies Abb. 7 erläutert.

Tabelle 2. *Die Größen A, B, γ, a und b in Abhängigkeit von bei $\zeta_{sm} = 0{,}2$ und $\zeta_{su} = 1{,}0$*

	A	B	$\gamma°$	a	b	L/t
	für $\beta_{p0} = 20°$					
20°	0,9113	3,182	36,72	0,546	0,553	0,7
20°	3,036	3,360	29,14	0,579	0,452	0,9
20°	4,665	3,350	24,48	0,610	0,402	1,1
30°	1,496	2,323	30,96	0,649	0,578	0,7
30°	3,530	2,398	23,01	0,696	0,470	0,9
30°	4,930	2,358	18,85	0,712	0,418	1,1
40°	1,886	1,864	26,22	0,726	0,598	0,7
40°	3,872	1,884	18,53	0,765	0,472	0,9
40°	5,068	1,826	15,17	0,775	0,424	1,1
50°	2,165	1,565	22,41	0,784	0,599	0,7
50°	4,008	1,551	15,63	0,803	0,475	0,9
50°	5,170	1,479	12,50	0,818	0,427	1,1
60°	2,390	1,344	19,62	0,830	0,593	0,7
60°	4,152	1,303	13,15	0,839	0,474	0,9
60°	5,230	1,223	10,45	0,840	0,428	1,1
	für $\beta_{p0} = 30°$					
20°	0,5875	3,015	37,34	0,545	0,588	0,7
20°	1,456	3,105	33,63	0,550	0,550	0,9
20°	2,019	3,115	31,40	0,569	0,505	1,1
30°	0,8920	2,086	32,44	0,652	0,658	0,7
30°	1,682	2,120	28,15	0,662	0,596	0,9
30°	2,147	2,106	25,83	0,674	0,562	1,1
40°	1,094	1,599	27,99	0,715	0,709	0,7
40°	1,816	1,598	23,59	0,736	0,631	0,9
40°	2,215	1,573	21,38	0,745	0,595	1,1
50°	1,237	1,278	24,00	0,782	0,744	0,7
50°	1,900	1,255	19,73	0,791	0,653	0,9
50°	2,258	1,223	17,69	0,797	0,615	1,1
60°	1,3480	1,038	20,35	0,831	0,760	0,7
60°	1,964	1,001	16,36	0,833	0,666	0,9
60°	2,291	0,966	14,53	0,847	0,630	1,1
	für $\beta_{p0} = 40°$					
20°	0,2010	2,735	38,32	0,554	0,651	0,7
20°	0,2650	2,823	37,93	0,546	0,637	0,9
20°	0,3815	2,855	37,33	0,545	0,626	1,1
30°	0,2182	1,783	34,86	0,654	0,828	0,7
30°	0,3108	1,833	34,09	0,646	0,803	0,9
30°	0,4048	1,845	33,34	0,646	0,786	1,1
40°	0,2504	1,279	31,10	0,732	0,989	0,7
40°	0,3412	1,306	30,08	0,723	0,954	0,9
40°	0,4187	1,310	29,26	0,722	0,933	1,1
50°	0,2802	0,949	27,08	0,790	1,131	0,7
50°	0,3636	0,962	25,84	0,785	1,099	0,9
50°	0,4278	0,959	24,96	0,776	1,079	1,1
60°	0,3063	0,704	22,53	0,848	1,294	0,7
60°	0,3803	0,706	21,27	0,832	1,235	0,9
60°	0,4348	0,699	20,39	0,827	1,200	1,1

Tabelle 2 gibt die Abhängigkeit der Größen A, B, a, b und γ von den Parametern einer Teilturbine bei $m = 2\pi$, $\zeta_{su} = 1{,}0$ und $\zeta_{sm} = 0{,}2$ wieder. Abb. 7 veranschaulicht die Abhängigkeit dieser Größen von α_1 bei $L:t = 0{,}9$.

Aus dem Verlauf von $c_{m_{id}}(u_{id})$, wie ihn Abb. 7 prinzipiell und Abb. 23 für ein bestimmtes Beispiel zeigen, ist zu erkennen, daß im allgemeinen $c_{m_{id}}$ mit wachsendem u_{id} zunächst abnimmt und nach Erreichen eines Minimums wieder zunimmt. Wegen der bekannten Proportionalität von u_{id} mit der Einheitsdrehzahl $n_{11} = n\,D\,H^{-1/2}$ (worin n die Drehzahl, D den Laufraddurchmesser und H die Fallhöhe bedeuten) und wegen der ebenfalls bekannten Proportionalität von $c_{m_{id}}$ mit dem Einheitsgesamtstrom $Q_{11} = Q\,D^{-2}\,H^{-1/2}$ (worin Q der Gesamtstrom ist) ergibt sich aus dem besprochenen $c_{m_{id}}(u_{id})$-Verlauf die Erscheinung, daß die $Q_{11}(n_{11})$-Linie mit wachsender Drehzahl steiler ansteigt.

[1] Ein derartiger Zusammenhang ergibt sich auch bei Zugrundelegung der Stromfadentheorie in Verbindung mit den üblichen Ansätzen für den Stoßverlust, Laufradverlust und Diffusorverlust. Hierüber siehe *C. Pfleiderer*, Strömungsmaschinen, S. 186, Berlin, 1957.

6. Die Abhängigkeit der Meridiangeschwindigkeit von der Form des Leitapparats und dem Gesamtstrom bei freien Wirbeln geringer Stärke. Die achsensymmetrische Meridianpotentialströmung durch einen Rotationshohlraum, dessen Randstromflächen denen des Leitapparates entsprechen, sei bekannt und durch ihre Meridianstromlinien sowie die vom gegebenen Gesamtstrom abhängige Geschwindigkeit $c_{m, Pot}$ gekennzeichnet, die wirbelfrei angenommene Zuströmung zum Leitrad ebenfalls. Damit ist bei gegebener Leitradstellung und bestimmbaren Meridianpotentialstromlinien in erster Näherung der Winkel α_0, den die Stromlinien an der Leitradaustrittskante mit der Umfangsrichtung einschließen, berechenbar.[1] Hieraus folgt im allgemeinen bei konstant über die Leitschaufeleintrittsbreite angenommenem Zuströmdrall ein längs der Leitradaustrittskante veränderlicher Drall, welcher mit der Meridiangeschwindigkeit der Potentialströmung am Leitradaustritt $c_{m_{Pot,0}}$ annähernd zu r_0 ctg α_0 $c_{m_{Pot,0}}$ angesetzt werden kann. Infolge einer demzufolge längs der Schaufelbreite veränderlichen Zirkulation um eine Leitschaufel treten von deren Austrittskante freie Wirbel in die Strömung mit der Geschwindigkeit $\mathfrak{c}$, von welcher angenommen werde, daß sie sich aus der durch die freien Wirbel induzierten Geschwindigkeit $\mathfrak{v}$ und einer Geschwindigkeit $\mathfrak{c}_{Pot}$ zusammensetze, entsprechend

$$\mathfrak{c} = \mathfrak{c}_{Pot} + \mathfrak{v} \,. \tag{51}$$

Das durch $\mathfrak{c}_{Pot}$ gekennzeichnete Strömungsfeld verlaufe auf den Stromflächen der Meridianpotentialströmung und habe axiale und radiale Geschwindigkeitskomponenten $c_{x_{Pot}}$, $c_{r_{Pot}}$, die aus der Zerlegung von $c_{m_{Pot}}$ folgen und eine Umfangskomponente, die sich unter Voraussetzung kleiner Wirbelstärken über den Drallsatz aus dem Leitradaustrittsdrall zu $c_{u_{Pot}} = \frac{r_0}{r} c_{m_{Pot,0}}$ ctg α_0 ergibt und damit auch durch die Meridianpotentialströmung gegeben ist. Die zur Berechnung der Induktion $\mathfrak{v}$ erforderliche Zirkulation $d^2\Gamma$ um das Element eines freien Wirbelfadens kann aus den bekannten Größen $c_{m_{Pot,0}}$ und $c_{r_{Pot,0}}$ an der Leitradaustrittskante dann berechnet werden, wenn man annähernd annimmt, daß die Wirbelfäden den durch $\mathfrak{c}_{Pot}$ beschriebenen Stromlinien folgen und sich, von einem sehr kleinen Abstand von der Leitradaustrittskante beginnend, in Umfangsrichtung gleichmäßig über eine Potentialstromfläche verteilen.

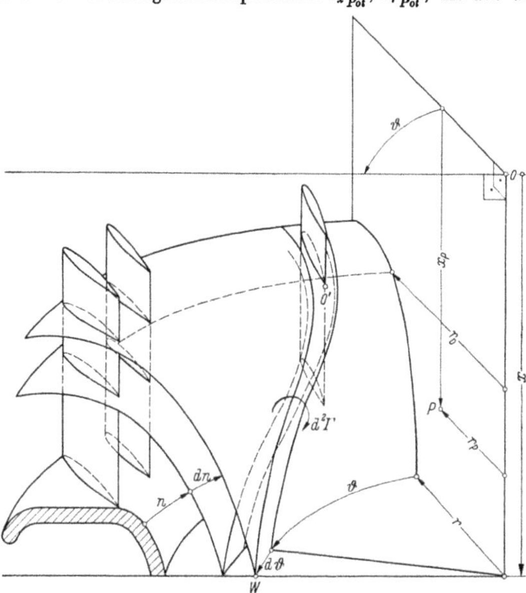

Abb. 8. Zur Induktion eines von der Leitschaufelaustrittskante ausgehenden Wirbelfadenelements W an einem Aufpunkt P.

Schneidet man gemäß Abb. 8 aus der Stromschicht zwischen zwei benachbarten Potentialstromflächen eine Stromröhre heraus, welche zugleich Wirbelröhre ist, die an dem Punkt $W(\vartheta, r, x)$ in Umfangsrichtung die Erstreckung $r\,d\vartheta$ und normal zu den Stromflächen die Länge dn hat, dann ergibt sich die gesuchte Zirkulation um diese Stromröhre zu

$$d^2\Gamma = \frac{1}{c_{r_{Pot,0}}} \frac{d\,(c_{m_{Pot,0}} \operatorname{ctg} \alpha_0)}{dx} c_{m_{Pot}}\, r\, dn\, d\vartheta \,. \tag{52}$$

Dabei beziehen sich die mit dem Zeiger 0 versehenen Größen gemäß Abb. 8 auf den Schnittpunkt 0′ der durch den Punkt W gehenden Potentialstromlinie mit der Leitradaustrittskante.

[1] Siehe die Arbeit auf *Strscheletzky* in Fußnote 6 von Seite 1.

Sind $\mathfrak{u}^\circ$, $\mathfrak{r}^\circ$ und $\mathfrak{x}^\circ$ die Einheitsvektoren am Punkt W in tangentialer, radialer und axialer Richtung und $c_{u\,Pot}$, $c_{r\,Pot}$, $c_{x\,Pot}$ die analogen Komponenten der Geschwindigkeit $\mathfrak{c}_{Pot}$, dann wird der Vektor eines zu $\mathfrak{c}_{Pot}$ parallelen Wirbelelementes im Punkte W

$$d\mathfrak{l} = \left[\mathfrak{u}^\circ \left(\frac{c_{u\,Pot}}{c_{r\,Pot}} \cos\vartheta + \sin\vartheta\right) + \mathfrak{r}^\circ \left(-\frac{c_{u\,Pot}}{c_{r\,Pot}} \sin\vartheta + \cos\vartheta\right) + \mathfrak{x}^\circ \frac{c_{x\,Pot}}{c_{r\,Pot}}\right] dr. \tag{53}$$

Der Abstandsvektor von einem Aufpunkt P ($\vartheta = 0$, $r = r_p$, $x = x_p$) zum Punkt $W(\vartheta, r, x)$ eines Wirbelelements ist

$$\mathfrak{a} = \mathfrak{u}^\circ r \sin\vartheta + \mathfrak{r}^\circ (r\cos\vartheta - r_P) + \mathfrak{x}^\circ (x - x_P). \tag{54}$$

Die von einem mit freien Wirbeln erfüllten Gebiet G in P induzierte Geschwindigkeit folgt mit dem *Biot Savart*schen Gesetz zu

$$\mathfrak{v} = \frac{1}{4\pi} \iiint\limits_G \frac{d^2\Gamma\,[\mathfrak{a}, d\mathfrak{l}]}{|\mathfrak{a}|^3} \equiv \frac{1}{4\pi} \iiint\limits_{|\mathfrak{a}| \neq 0} \frac{d^2\Gamma\,[\mathfrak{a}, d\mathfrak{l}]}{|\mathfrak{a}|^3} + \lim_{|\mathfrak{a}| \to 0} \frac{1}{4\pi} \iiint \frac{d^2\Gamma\,[\mathfrak{a}, d\mathfrak{l}]}{|\mathfrak{a}|^3}. \tag{55}$$

Da das letzte Glied von (55) verschwindet, ergeben sich für die Komponenten der induzierten Geschwindigkeit in radialer, axialer und tangentialer Richtung nach Integration über den Bereich $0 < \vartheta < 2\pi$ die Ausdrücke

$$v_r = \frac{1}{2\pi} \iint\limits_G \frac{1}{c_{r\,Pot,0}} \frac{d\,(c_{m\,Pot,0} \operatorname{ctg} \alpha_0)}{dx} \frac{r_0\, c_{m\,Pot,0} \operatorname{ctg}\alpha_0\, (x - x_p)\, J_1\, dn\, ds}{p^3}, \tag{56}$$

$$v_x = \frac{1}{2\pi} \iint\limits_G \frac{1}{c_{r\,Pot,0}} \frac{d\,(c_{m\,Pot,0} \operatorname{ctg} \alpha_0)}{dx} \frac{r_0\, c_{m\,Pot,0} \operatorname{ctg}\alpha_0\, (r_p J_1 - r J_2)\, dn\, ds}{p^3}, \tag{57}$$

$$v_u = \frac{1}{2\pi} \iint\limits_G \frac{r}{c_{r\,Pot,0}} \frac{d\,(c_{m\,Pot,0} \operatorname{ctg} \alpha_0)}{dx} \frac{\{[r\, c_{x\,Pot} - (x - x_p)\, c_{r\,Pot}]\, J_1 - r_p\, c_{x\,Pot}\, J_2\}\, dn\, ds}{p^3} \tag{58}$$

mit s als Koordinate in Richtung der Meridianstromlinien und n als Koordinate normal zu diesen. Dabei bedeuten

$$J_1 = \frac{2}{q\sqrt{1+q}} \left(\frac{1}{1-q} E - F\right), \tag{59}$$

$$J_2 = \frac{2}{1-q)\sqrt{1+q}} E, \tag{60}$$

$$q = \frac{2\, r\, r_p}{r^2 + r_p^2 + (x - x_p)^2}, \tag{61}$$

$$F = \int\limits_0^{\pi/2} \frac{d\varphi}{\sqrt{1 - k^2 \sin^2\varphi}}, \quad \text{(vollständiges elliptisches Integral erster Gattung)}, \tag{62}$$

$$E = \int\limits_0^{\pi/2} \sqrt{1 - k^2 \sin^2\varphi}\, d\varphi, \quad \text{(vollständiges elliptisches Integral zweiter Gattung)}, \tag{63}$$

$$k = \sqrt{\frac{2q}{1+q}}, \tag{64}$$

$$p = [r^2 + r_p^2 + (x - x_p)^2]^{1/2}. \tag{65}$$

Die Integrale der Gleichungen (56) und (58) erstrecken sich über das wirbelerfüllte Gebiet G in der Meridianebene hinter dem Leitrad und sind im allgemeinen nur dann graphisch lösbar, wenn die auf die Leitradaustrittskante folgende Begrenzung des Gebietes G bekannt ist. Legt man dem

Laufradentwurf, wie üblich die durch das Laufrad nicht gestörte Zuströmung vom Leitapparat zugrunde, dann erstreckt sich G von der Leitradaustrittskante stromwärts theoretisch bis ins Unendliche. Da den Gleichungen (56) bis (58) rotationssymmetrische Stromlinien zugrunde gelegt sind, ist G in der Praxis unter Umständen durch den Eintrittsquerschnitt in ein nicht rotationssymmetrisch ausgebildetes Saugrohr zu begrenzen.

7. Der Laufradentwurf bei zweidimensionaler Strömung. a) Die hinsichtlich Kavitationssicherheit und Wirkungsgrad optimalen Kenngrößen des äußeren Flügelschnittes. Es werde die spezifische Drehzahl n_s wegen der im allgemeinen vorgegebenen Anlagedaten, wie der Fallhöhe H, dem Wasserstrom Q und der Drehzahl n als ein durch die Beziehung $n_s = n\left(\frac{\gamma\,\eta_h\,Q}{75}\right)^{1/2} H^{-3/4}$ gegebener Parameter angesehen. Dasselbe gelte vom hydraulischen Wirkungsgrad η_h dort, wo seine Änderung vernachlässigbar ist. Außerdem werde drallfreier Austritt angenommen. Der in (32) definierte *Thoma*sche Kavitationsbeiwert σ, welcher mit dem nahezu konstanten, im Wesentlichen nur vom Nabenverhältnis ν abhängigen Beiwert

$$A = 30\left[\frac{\gamma\,(1-\nu^2)}{75\,\pi}\right]^{1/2} g^{3/4}\,\eta_h^{5/4} \tag{66}$$

wie folgt von der Durchflußziffer $\varphi = c_m/u$, dem Saugrohrwirkungsgrad $\eta_{sm} = 1 - \zeta_{sm}$ und dem Beiwert λ (33) abhängt

$$\sigma = \left(\frac{n_s}{A}\right)^{4/3} \frac{\eta_h}{2}\,[\lambda\,\varphi^{-2/3} + (\eta_{sm} + \lambda)\,\varphi^{4/3}]\,, \tag{67}$$

nimmt unter der Optimalbedingung $d\sigma/d\varphi = 0$ bei einer für die Kavitationssicherheit optimalen Durchflußziffer

$$\varphi_{\sigma_{opt}} = \left[\frac{\lambda}{2\,(\eta_{sm}+\lambda)}\right]^{1/2} \tag{68}$$

den folgenden Bestwert an:

$$\sigma_{opt} = \frac{3}{4}\,\eta_h\left(\frac{n_s}{A}\right)^{4/3}[2\,(\eta_{sm} + \lambda)]^{1/3}\,\lambda^{2/3}\,. \tag{69}$$

Andererseits macht bei einer Turbine von gegebenem n_s, A, η_h, η_{sm} und gegebenem Gleitwinkel ε eine Durchflußziffer von der Größe

$$\varphi_{h_v\,opt} = \frac{2}{3}\left[\frac{\varepsilon}{(1-\eta_{sm})\,\eta_h}\left(\frac{A}{n_s}\right)^{4/3}\right]^{3/7} \tag{70}$$

den hydraulischen Gesamtverlust h_v zu einem Minimum[1].

Setzt man die aus (68) und (70) sich ergebenden Durchflußziffern einander gleich, dann bekommt man die folgende, für die Kavitationssicherheit und Strömungsverluste optimale spezifische Drehzahl:

$$n_{s_{opt}} = \frac{30}{\sqrt{\pi}}\,g^{3/4}\left[\frac{\eta_h\,\gamma\,(1-\nu^2)}{75}\right]^{1/2}\left[\frac{3}{2}\,\frac{\varepsilon}{(1-\eta_{sm})}\right]^{3/4}\left[\frac{2\,(\eta_{sm}+\lambda)}{\lambda}\right]^{7/8}. \tag{71}$$

Beispielsweise erhält man für eine Turbine mit $\nu = 0{,}45$ $\eta_h = 0{,}9$, $\eta_{sm} = 0{,}9$, $\varepsilon = 0{,}01$, $\lambda = 0{,}12$ einen Wert von $n_{s_{opt}} = 795$.

Aus (69) und (71) ergibt sich mit $n_s = n_{s_{opt}}$ ein bezüglich Strömungsverlust und Kavitationssicherheit optimaler Kavitationsbeiwert von

$$\sigma^x_{opt} = \frac{9}{4}\,\frac{\varepsilon}{1-\eta_{sm}}\,(\eta_{sm} + \lambda)^{3/2}\,\lambda^{-1/2}\,. \tag{72}$$

Hieraus erhält man für die Turbine mit den oben angenommenen Daten $\sigma^x_{opt} = 0{,}945$.

Aus der bekannten Beziehung

$$n_s = \frac{30}{\sqrt{\pi}}\,(2\,g)^{3/4}\left[\frac{\gamma\,\eta_h\,(1-\nu^2)}{75}\right]^{1/2} u_{id}^{3/2}\,\varphi^{1/2}\,, \tag{73}$$

[1] Siehe die Arbeit von *Keller* und *Bleuler* in Fußnote 1 auf Seite 8.

welche exakt für eine über den Durchflußquerschnitt konstante Meridiangeschwindigkeit gilt, ergibt sich, wenn man $n_s = n_{s_{opt}}$ und $\varphi = \varphi_{s_{opt}}$ setzt, die hinsichtlich Kavitationsfestigkeit und Wirkungsgrad optimale bezogene Umfangsgeschwindigkeit

$$u_{id_{opt}} = \frac{1}{\sqrt{2}} \left[\frac{3}{2} \frac{\varepsilon}{1-\eta_{sm}}\right]^{1/2} \left|\frac{2(\eta_{sm}+\lambda)}{\lambda}\right|^{3/4}. \tag{74}$$

Hieraus erhält man beispielsweise für eine Turbine mit $\eta_{sm} = 0{,}9$, $\varepsilon = 0{,}008$, $\lambda = 0{,}15$ den Wert $u_{id_{opt}} = 1{,}76$. Aus (74) kann bei gegebenem H und n der mit Rücksicht auf Kavitationssicherheit und Wirkungsgrad optimale Durchmesser eines Laufrades bestimmt werden.

b) Der Laufradentwurf in zweidimensionaler Behandlung mit Berücksichtigung der Verträglichkeit der Strömung vom Laufrad und Leitrad. Im Folgenden wird dem Laufradentwurf das vom Leitapparat bei fortgedachtem Laufrad vor diesem erzeugte Geschwindigkeitsfeld mit den Komponenten $c_{m_{id}}$ und $c_{u_{1_{id}}}$ zugrunde gelegt. Die Leitschaufelöffnung wird dabei so gewählt, daß für die aus der Entwurfsdrehzahl n, dem Laufradaußendurchmesser D_a, dem Entwurfsgefälle H und einem zunächst geschätzten hydraulischen Wirkungsgrad η_h folgende bezogene Umfangsgeschwindigkeit u_{id} an einem mittlerem Stromfaden annähernd drallfreier Austritt vorliegt. Mit dem Gitterverstärkungsfaktor K aus einer durch (3) symbolisierten Beziehung zu β_{p0} und t/L, dem Auftriebsbeiwert c_a gemäß (2) dem Winkel der ungestörten Anströmrichtung gegen den Umfang (Abb. 1)

$$\beta_\infty = \operatorname{arc\,tg}\left[\frac{u_{id} - c_{u_{1_{id}}} + \frac{1}{2}(c_{u_{1_{id}}} - c_{u_{2_{id}}})}{c_{m_{id}}}\right], \tag{75}$$

dem Gleitwinkel im Gitterverband

$$\varepsilon = \operatorname{arc\,tg} \frac{c_w(\beta_\infty - \beta_{p0})}{m\,k \sin(\beta_\infty - \beta_{p0})}, \tag{76}$$

(wobei der Zähler der rechten Seite in symbolischer Schreibart die Abhängigkeit des Widerstandsbeiwertes c_w vom Anstellwinkel $\beta_\infty - \beta_{p0}$ verdeutlichen soll[1]), der *Bauersfeld*schen Gleichung

$$c_a = \frac{2\,t\,(c_{u_{1_{id}}} - c_{u_{2_{id}}}) \sin\beta_\infty}{L\,c_{m_{id}}(1 - \operatorname{tg}\varepsilon \operatorname{ctg}\beta_\infty)}, \tag{77}$$

dem hydraulischen Wirkungsgrad als Produkt der Wirkungsgrade von Laufrad- und Saugrohrstufe

$$\eta_h = \frac{1}{1 + \dfrac{\sin\varepsilon\, c_{m_{id}}}{\sin(\beta_\infty - \varepsilon)\sin\beta_\infty\, u_{id}}}\left[1 - \zeta_{sm} c_{m_{id}}^2 - \zeta_{su} c_{u_{2_{id}}}^2\right] \tag{78}$$

und der Turbinenhauptgleichung

$$u_{id}\,(c_{u_{1_{id}}} - c_{u_{2_{id}}}) = \frac{\eta_h}{2} \tag{79}$$

kann man bei aus der Zuströmung bekanntem $c_{m_{id}}$ und $c_{u_{1_{id}}}$, bei erfahrungsgemäß bekanntem ζ_{su}, ζ_{sm} und m und wahlweise vorgegebenen Werten c_a, $c_{u_{2_{id}}}$, t/L usf. die verbleibenden sieben Unbekannten aus den sieben Gleichungen (2), (3), (75), (76), (77), (78), (79) bestimmen. Zur Auslegung eines Flügels bei gegebener Zuströmung vom Leitapparat also gegebenem $c_{m_{id}}$ und $c_{u_{1_{id}}}$ werde die Aufgabe auf die drei folgenden, praktisch bedeutsamen Fälle I, II und III beschränkt:

Fall I. Berechnung von β_∞, β_{p0}, ε, η_h, K, $c_{u_{2_{id}}}$ und t/L, wenn c_a gegeben ist.

Fall II. Berechnung von β_∞, β_{p0}, ε, η_h, K, c_a und t/L, wenn $c_{u_{2_{id}}}$ gegeben ist.

Fall III. Berechnung von β_∞, β_{p0}, ε, η_h, K, c_a und $c_{u_{2_{id}}}$, wenn t/L gegeben ist.

[1] Selbstverständlich umfaßt das symbolisch geschriebene Argument außer dem Anstellwinkel $\beta_\infty - \beta_{p0}$ die Gitterparameter, die Profilparameter und die Reynolsche Zahl, womit der umfangreiche Fragenkomplex der Bestimmung des Gleitwinkels im Gitterverband nur angedeutet ist. Näheres darüber findet man in dem Aufsatz von *H. Schlichting* und *N. Scholz*, Ing.-Arch. 19 (1951) S. 42.

Um den Werkstoff auszunützen, wird man bei der innersten Teilturbine zweckmäßig den durch die Ablösung bestimmten, größten Auftriebsbeiwert c_a vorschreiben, also t/L gemäß Fall I bestimmen. Bei der mittleren Teilturbine wird man zweckmäßig die der Leitradstellung zunächst annähernd unterlegte drallfreie Laufradabströmung ($c_{u_2} = 0$) an Hand des Falles II präzisieren.

Mit der so bestimmten Flügellänge vom inneren und mittleren Flügelschnitt ist wegen der erwünschten stetigen Flügelumrandung das Teilungsverhältnis t/L für die übrigen Flügelschnitte vorgeschrieben. Bei diesen ist also nach obigem Fall III vorzugehen. Zur rationellen Lösung kann man sich dabei des folgenden Näherungsverfahrens aus dem Abschnitt 5 bedienen. Hiernach ergibt sich bei vorliegenden Werten $\beta_{p\,0}$, t/L, $\zeta_{s\,m}$, $\zeta_{s\,u}$, α_1 und einem zunächst geschätzten Gleitwinkel ε die bezogene Meridiangeschwindigkeit $c_{m_{id}}$ von einer Teilturbine aus (46) und (47). Im vorliegenden Fall ist α_1 und $c_{m_{id}}$ vom Leitapparat her vorgegeben, das Teilungsverhältnis t/L ist unbekannt. Zu seiner Bestimmung wird man an Hand von (46) und (47) für einige Werte von t/L die bezogene Meridiangeschwindigkeit $c_{m_{id}}$ berechnen und über t/L aufzeichnen, um dann graphisch jenen Wert t/L zu erhalten, bei welchen $c_{m_{id}}$ dem vom Leitapparat vorgegebenen Wert entspricht.

Für den Profiltropfen wählt man zweckmäßig die Profildicke s wie folgt in Abhängigkeit von der von der Flügelnase aus zählenden Skelettkoordinate ξ

$$s = s_{max}\left(p^{-\frac{p}{p-1}} - p^{-\frac{1}{p-1}}\right)^{-1}\left[\left(\frac{\xi}{a\,L}\right)^{p} - \frac{\xi}{a\,L}\right]. \tag{80}$$

Dabei folgt die maximale Flügelstärke eines Flügelschnittes s_{max} aus der Beanspruchung des Flügels. Da die Austrittskante in Praxis keine Schneide haben kann, ist $a = 1{,}03 - 1{,}1$ zu wählen; p hat man bei den üblichen Profilen im Durchschnitt mit etwa 0,5 anzusetzen. Die mit (80) beschriebene Profilform enthält nicht die Eintrittskantenform. Diese ist entsprechend der Fußnote von Abschnitt 4 mit Rücksicht auf die Eintrittskantenkavitation auszubilden. Aus $\beta_{p\,0}$, t/L und dem Profil kann man mit der Näherung $\beta_{p\,0} = \beta$ an Hand der im Abschnitt 4 beschriebenen Methode denjenigen Verlauf des Flügelskeletts berechnen, der einen konstanten Druck auf der Saugseite sichert. Für das somit festliegende Profil kann nach Abschnitt 3 von der durch $\beta_{p\,0}$ gekennzeichneten auftriebslosen Richtung auf die Richtung der Skelettsehne gegenüber der Gitterachse geschlossen werden.

c) Die Verträglichkeitsbedingung für die Strömung von Laufrad und Saugrohr. Es werde angenommen, daß für die Flüssigkeitsteilchen im Unterwasserbehälter die spezifische Strömungsenergie $H = \frac{c^2}{2g} + h + \frac{p}{\gamma}$ konstant sei. Setzt man diese willkürlich gleich Null und überträgt man den Energiesatz für die wirkliche Rohrströmung auf einen Stromfaden im Saugrohr, dann entspricht die spezifische Strömungsenergie am Laufradaustrittsquerschnitt H_2 der zu $\zeta_{s\,m}\frac{c_{m_2}^2}{2g} + \zeta_{s\,u}\frac{c_{u_2}^2}{2g}$ angenommenen Verlusthöhe der Strömung innerhalb des Saugrohres. Nimmt man weiter an, daß H_2 annähernd der *Euler*schen Gleichung in der Form

$$\operatorname{grad} H_2 = \frac{1}{g}\,[\mathfrak{c}_2, \operatorname{rot} \mathfrak{c}_2]$$

genüge, und daß der Gradient von H_2 keine axiale[1] und tangentiale Komponente besitze, dann läßt sich zeigen, daß auch seine radiale Komponente verschwinden muß, daß also über den Laufradaustrittsquerschnitt der Zusammenhang

$$\zeta_{s\,m}\frac{c_{m_2}^2}{2g} + \zeta_{s\,u}\frac{c_{u_2}^2}{2g} = \text{konst.} \tag{81}$$

gilt.

Die Verträglichkeitsbedingung (81) schreibt bei gegebenen Werten von $\zeta_{s\,u}$ und $\zeta_{s\,m}$, der mit den obigen Annahmen aus $c_{m_{2_{id}}} = c_{m_{id}}$ bekannten Meridiangeschwindigkeit und bei der willkürlich gewählten Umfangskomponente c_{u_2} eines Flügelschnittes diesen Wert für alle übrigen Flügelschnitte vor, so daß man hierbei nach dem in Abschnitt 7b) beschriebenen Fall II zu verfahren

[1] Ein Verschwinden der axialen Komponente von grad H kann natürlich nur annähernd vorliegen, da H_2 längs des Saugrohres um $\zeta_{s\,m}\,(c_{m_2}^2/2\,g) + \zeta_{s\,u}\,(c_{u_2}^2/2\,g)$ abnimmt.

hätte. Dabei ist zu bedenken, daß bei gegebenem $c_{u_{1_{id}}}$ und u_{id} wegen der Hauptgleichung (79) mit $c_{u_{2_{id}}}$ auch der hydraulische Wirkungsgrad η_h bestimmt ist. Liegt nun η_h bei einzelnen Flügelschnitten auf Grund der Berechnung außerhalb vernünftiger Grenzen, dann sind Stellung oder Form des Leitapparates so zu ändern, daß $c_{u_{1_{id}}}$ und $c_{m_{id}}$ in Verbindung mit (81) und (79) zu tragbaren Werten von η_h führen.

8. Näherungsmethoden zur Berücksichtigung der Einflüsse bei dreidimensionaler Laufradströmung. a) Modell für die gebundenen Wirbel der Restflügel[1] bei ruhendem Laufrad. Es werde angenommen, daß sich die Zirkulation um einen Laufradflügel in Richtung des Halbmessers nicht ändere und daß die Induktionen der von den Flügelenden ausgehenden freien Wirbel bei den üblichen kleinen Laufradspaltweiten infolge der spiegelbildlich zu den Randstromflächen zu denkenden, entgegengesetzt drehenden Wirbelfäden zumindesten für die maßgebenden, vom Spalt entfernten Aufpunkte verschwinden, die freien Wirbel also vernachlässigt werden können. Setzt man weiter eine Zuströmung von konstantem Drall längs des Halbmessers und drallfreie Abströmung voraus, dann kann man einen beliebigen gebundenen Wirbelfaden, wegen dessen Quellenlosigkeit, vor dem Laufrad längs der Turbinenachse fortsetzen, wobei diese Fortsetzung aller gebundenen Wirbel den vorausgesetzten Eintrittsdrall erzeugt. Innerhalb des Laufrades schließt sich an diesen axialen Teil eines gebundenen Wirbelfadens ein die Naben- und Außenmantelfläche normal durchdringender bis ins Unendliche reichender Teil an, der von dort aus wegen seiner Quellenlosigkeit wieder im Unendlichen vor dem Laufrad auf die Turbinenachse zu verlaufen muß. Der ins Endliche reichende Teil dieses Modells von einem gebundenen Wirbelfaden besteht also aus zwei unendlich langen geradlinigen Schenkeln, von denen einer vom Unendlichen vor dem Laufrad kommend bis zum Laufrad mit der Turbinenachse zusammenfällt und der andere hierzu um den Winkel $(\pi/2) - \nu$ geneigt ist.

Die Induktion des axialen Wirbelteils, welche dem konstant angenommenen Eintrittsdrall gleichkommt, wird beim Entwurf des für sich betrachteten Flügelschnittes durch dessen mit $c_{u_1} t$ vorgegebene Zirkulation berücksichtigt. Will man die räumliche Anordnung der gebundenen Wirbel in erster Näherung berücksichtigen, dann hat man nach dem Vorgang von *Betz*[2] das Skelett dieses für sich betrachteten Flügelschnittes infolge der Induktionen der Restflügel zu verzerren, damit die aus den Geschwindigkeitsdreiecken folgende Zirkulation für einen Flügelschnitt erhalten

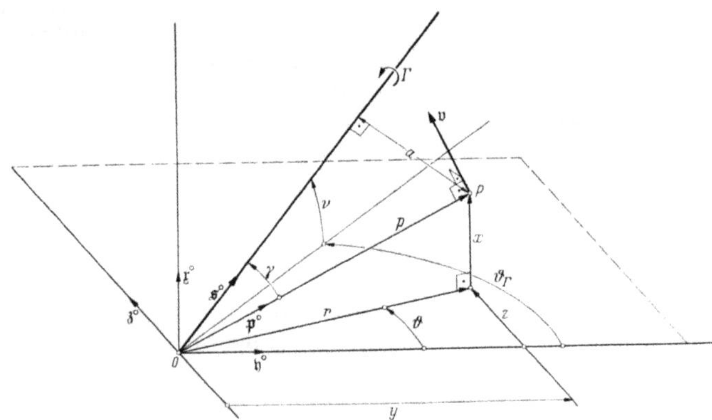

Abb. 9. Zur Induktion eines vom Punkt 0 ausgehenden geraden Wirbelfadens der Zirkulation Γ, welcher um den Winkel ν gegen eine zur Turbinenachse senkrechte z-y-Ebene geneigt ist.

bleibt. Dabei werde in erster Näherung ein beliebiger Restflügel durch einen um $\pi/2 - \nu$ gegen die Turbinenachse geneigten Stabwirbel ersetzt, welcher in einer Axialebene verlaufe, die den Schwerpunkten der Zirkulation von den Zylinderschnitten des Flügels möglichst benachbart ist. Es

[1] Unter „Restflügel„ seien alle Flügel verstanden mit Ausnahme desjenigen, der den Aufpunkt enthält.

[2] Siehe die Arbeit von *Betz* in Fußnote 5 auf Seite 1.

interessieren daher nur die Induktionen eines derartigen zur Turbinenachse geneigten geraden Wirbelfadens.

Auf Grund des *Biot-Savart*schen Gesetzes induziert der in Abb. 9 dargestellte von 0 ins Unendliche gehende, gerade Wirbelfaden von der Zirkulation Γ, dessen Richtung durch den Einheitsvektor

$$\mathfrak{s}^\circ = \mathfrak{x}^\circ \sin\nu + \mathfrak{y}^\circ \cos\nu \cos\vartheta_\Gamma + \mathfrak{z}^\circ \cos\nu \sin\vartheta_\Gamma \tag{82}$$

bestimmt ist (wobei $\mathfrak{x}^\circ, \mathfrak{y}^\circ, \mathfrak{z}^\circ$ die Einheitsvektoren in x, y und z-Richtung darstellen) im Punkt P $(x, y = r\cos\vartheta, z = r\sin\vartheta)$ die Geschwindigkeit

$$\mathfrak{v} = \frac{\Gamma}{4\pi a} \frac{1 + \cos\gamma}{\sin\gamma} [\mathfrak{p}^\circ, \mathfrak{s}^\circ]\,. \tag{83}$$

Dabei ist $\mathfrak{p}^\circ$ der Einheitsvektor der Strecke O—P

$$\mathfrak{p}^\circ = \mathfrak{x}^\circ \frac{x}{\sqrt{x^2 + r^2}} + \mathfrak{y}^\circ \frac{r\cos\vartheta}{\sqrt{x^2 + r^2}} + \mathfrak{z}^\circ \frac{r\sin\vartheta}{\sqrt{x^2 + r^2}}\,, \tag{84}$$

a der Abstand des Punktes P von dem geraden Wirbelfaden

$$a = p\sin\gamma = |[\mathfrak{p}, \mathfrak{s}^\circ]| \tag{85}$$

und γ der von den Einheitsvektoren $\mathfrak{p}^\circ$ und $\mathfrak{s}^\circ$ eingeschlossene Winkel

$$\gamma = \operatorname{arc}\cos(\mathfrak{p}^\circ, \mathfrak{s}^\circ)\,. \tag{86}$$

Stellt man das Vektorprodukt auf der rechten Seite von (83) in Komponenten dar und setzt aus v_y und v_z nach bekannten Transformationstegeln die radiale Komponente v_r und die Umfangskomponente v_u zusammen, dann bekommt man mit den Abkürzungen $\Delta\vartheta = \vartheta_\Gamma - \vartheta$ und $\xi = x/r$ die folgende axiale, tangentiale und radiale Komponente von $\mathfrak{v}$:

$$v_x = \frac{\Gamma}{4\pi r} \frac{\cos\nu \sin\Delta\vartheta}{\sin^2\Delta\vartheta + (\sin\nu\cos\Delta\vartheta - \xi\cos\nu)^2} \left(1 + \frac{\xi\sin\nu + \cos\Delta\vartheta\cos\nu}{\sqrt{1 + \xi^2}}\right), \tag{87}$$

$$v_u = \frac{\Gamma}{4\pi r} \frac{\xi\cos\nu\cos\Delta\vartheta - \sin\nu}{\sin^2\Delta\vartheta + (\sin\nu\cos\Delta\vartheta - \xi\cos\nu)^2} \left(1 + \frac{\xi\sin\nu + \cos\Delta\vartheta\cos\nu}{\sqrt{1 + \xi^2}}\right), \tag{88}$$

$$v_r = -\frac{\Gamma}{4\pi r} \frac{\xi\cos\nu\sin\Delta\vartheta}{\sin^2\Delta\vartheta + (\sin\nu\cos\Delta\vartheta - \xi\cos\nu)^2} \left(1 + \frac{\xi\sin\nu + \cos\Delta\vartheta\cos\nu}{\sqrt{1 + \xi^2}}\right). \tag{89}$$

Die räumliche Anordnung der gebundenen Wirbel kann man beim Flügelentwurf so berücksichtigen, daß man für die vorgeschriebene Zirkulation $\Gamma = \Delta c_u\, t$ und eine vorgeschriebene Druckverteilung auf der Saugseite zunächst ein Einzelprofil entwirft, dessen Eigenschaften im räumlichen Gitterverband erhalten bleiben, wenn man nach dem Vorgang von *Betz* seine Skelettelemente in Abhängigkeit von den Induktionen der „Restflügel" am Ort des betrachteten Skeletts verzerrt. Dabei genügt es in erster Annäherung, wenn man die Skelettelemente um den Winkel $\Delta\beta_\infty$ dreht, um welchen sich das Element einer Stromlinie am Ort des betrachteten Flügels bei Überlagerung der Induktionen der Restflügel dreht.

Sind v_{u_R} und v_{x_R} als Induktionen der Restflügel in tangentialer und axialer Richtung klein gegen w_∞, dann ist

$$\Delta\beta_\infty = -\frac{v_{u_R}}{w_\infty}\sin\beta_\infty + \frac{v_{x_R}}{w_\infty}\cos\beta_\infty \tag{90}$$

die Drehung eines Skelettelements im Zylinderschnitt. Dabei sind die Induktionen des Restgitters an einem Aufpunkt des betrachteten Flügels gegeben durch

$$v_{x_R} = \frac{\Gamma}{4\pi r} F_x(\nu, z, \xi, \vartheta)\,, \qquad v_{u_R} = \frac{\Gamma}{4\pi r} F_u(\nu, z, \xi, \vartheta)\,, \qquad v_{r_R} = \frac{\Gamma}{4\pi r} F_r(\nu, z, \xi, \vartheta)\,. \tag{91}$$

Hierin folgen die Einflußfunktionen F aus (87), (88) und (89), wenn man den Längenwinkel des n-ten Nachbarwirbels ϑ_r mit $2\pi/z\, n$ ansetzt und für jede Komponente der Induktionen die Anteile der $z-1$ Flügel des Restgitters in nachstehender Weise summiert zu[1]

$$F_x(\nu, z, \xi, \vartheta) = \sum_{n=1}^{z-1} \frac{\cos\nu \sin\left(\frac{2\pi}{z} n - \vartheta\right)}{\sin^2\left(\frac{2\pi}{z} n - \vartheta\right) + \left[\sin\nu \cos\left(\frac{2\pi}{z} \cdot n - \vartheta\right) - \xi \cos\nu\right]^2} \times \left[1 + \frac{\xi \sin\nu + \cos\nu \cos\left(\frac{2\pi n}{z} - \vartheta\right)}{\sqrt{1+\xi^2}}\right], \tag{92}$$

$$F_u(\nu, z, \xi, \vartheta) = \sum_{n=1}^{z-1} \frac{\xi \cos\nu \cos\left(\frac{2\pi n}{z} - \vartheta\right) - \sin\nu}{\sin^2\left(\frac{2\pi n}{z} - \vartheta\right) + \left[\sin\nu \cos\left(\frac{2\pi n}{z} - \vartheta\right) - \xi \cos\nu\right]^2} \times \left[1 + \frac{\xi \sin\nu + \cos\nu \cos\left(\frac{2\pi n}{z} - \vartheta\right)}{\sqrt{1+\xi^2}}\right], \tag{93}$$

$$F_r(\nu, z, \xi, \vartheta) = -\sum_{n=1}^{z-1} \frac{\xi \cos\nu \sin\left(\frac{2\pi n}{z} - \vartheta\right)}{\sin^2\left(\frac{2\pi n}{z} - \vartheta\right) + \left[\sin\nu \cos\left(\frac{2\pi n}{z} - \vartheta\right) - \xi \cos\nu\right]^2} \times \left[1 + \frac{\xi \sin\nu + \cos\nu \cos\left(\frac{2\pi n}{z} - \vartheta\right)}{\sqrt{1+\xi^2}}\right]. \tag{94}$$

Der Verlauf der Einflußfunktionen $F_x =$ konst., $F_u =$ konst. und $F_r =$ konst. ist für $z = 4$ und $z = 6$ Wirbelstrahlen in einer Achsnormalebene und für $z = 4$ Wirbelstrahlen, welche um 20° gegen die Achsnormalebene geneigt sind, in den Abb. 10 bis 18 in einem ϑ, ξ-Koordinatensystem dargestellt.

Auf diese Weise kann man für einen zunächst als Einzelskelett von bestimmter Zirkulation entworfenen Zylinderschnitt vom Radius $r = 1$, die gemäß (90) für die Drehung eines Skelettelements erforderlichen Induktionen der räumlich angeordneten Restflügel sofort abgreifen.

b) Modell für die Wirkung der Rotation des Laufrades bei räumlicher Flügelanordnung. Die absolute Strömung durch das Laufrad werde wirbelfrei und von konstanter Meridiangeschwindigkeit angenommen. Die betrachtete Relativströmung in einer mit Meridiangeschwindigkeit durch das Laufrad bewegten Achsnormalebene sei stationär. Die Strömung sei außen und innen durch koachsiale Zylinder begrenzt und das Flügelskelett habe die Form einer geraden Schraubenfläche von der Gleichung

$$x = \vartheta\, r \operatorname{tg}\beta\,, \tag{95}$$

wobei β der Steigungswinkel eines Zylinderschnittes vom Halbmesser r, x die axiale, ϑ die azimutale Koordinate sei und

$$r \operatorname{tg}\beta = \text{konst.} \tag{96}$$

für alle Zylinderschnitte gelte.

Die radialen Schaufelspuren, sowie Nabe und Mantel begrenzen damit in einer Ebene normal zur Turbinenachse einen ebenen Kreisringausschnitt. Bewegt sich dieser mit $c_m =$ konst. in axialer Richtung, dann besteht er stets aus denselben Flüssigkeitsteilchen, welche relativ zum Laufrad mit einer in Drehrichtung positiven Winkelgeschwindigkeit

$$\omega_F = -\frac{c_m}{r} \operatorname{ctg}\beta = -(1-\zeta)\frac{u}{r} = -(1-\zeta)\,\omega \tag{97}$$

[1] Die Auswertung der Gleichungen (92) bis (94) wurde im Rahmen einer Diplomarbeit an der Fakultät für Maschinenwesen und Elektrotechnik der T.H. München von Herrn *Hansen* besorgt.

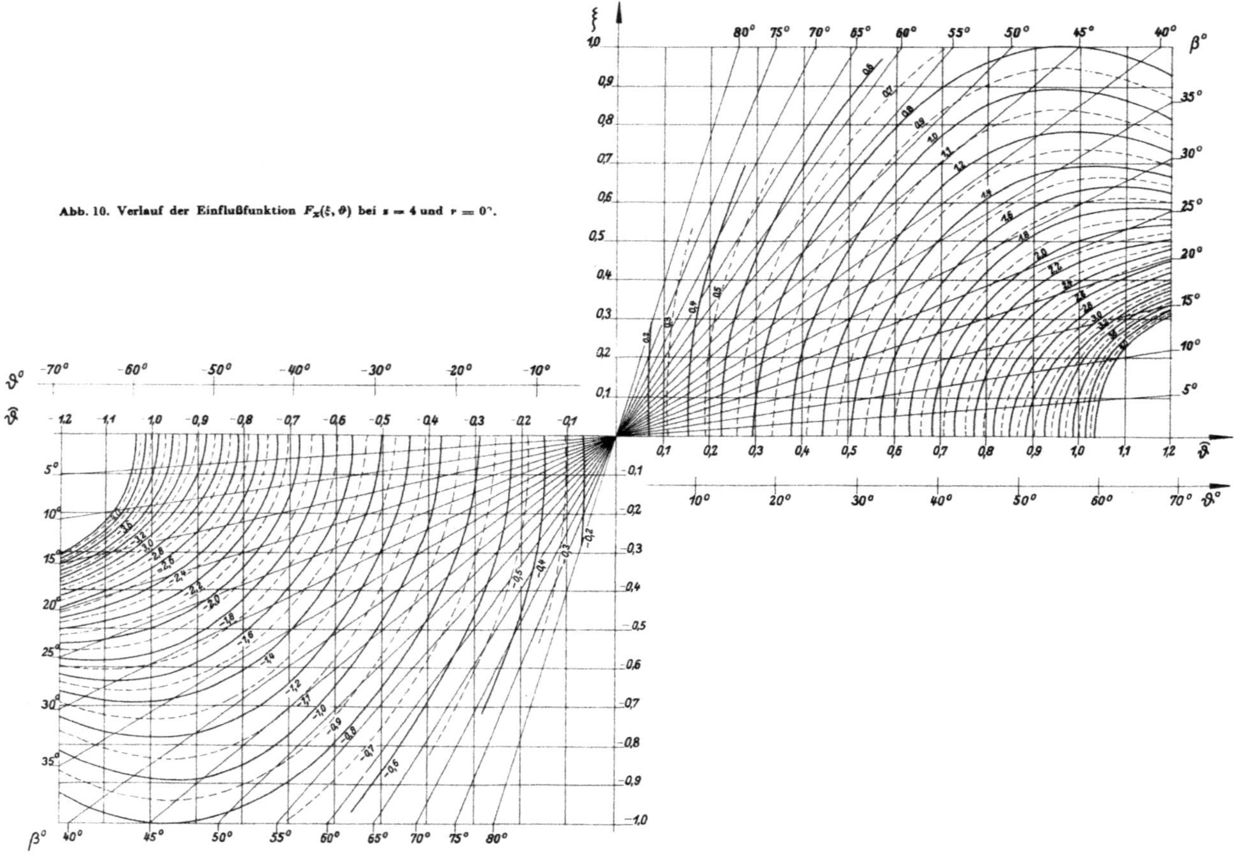

Abb. 10. Verlauf der Einflußfunktion $F_x(\xi, \vartheta)$ bei $z = 4$ und $\nu = 0°$.

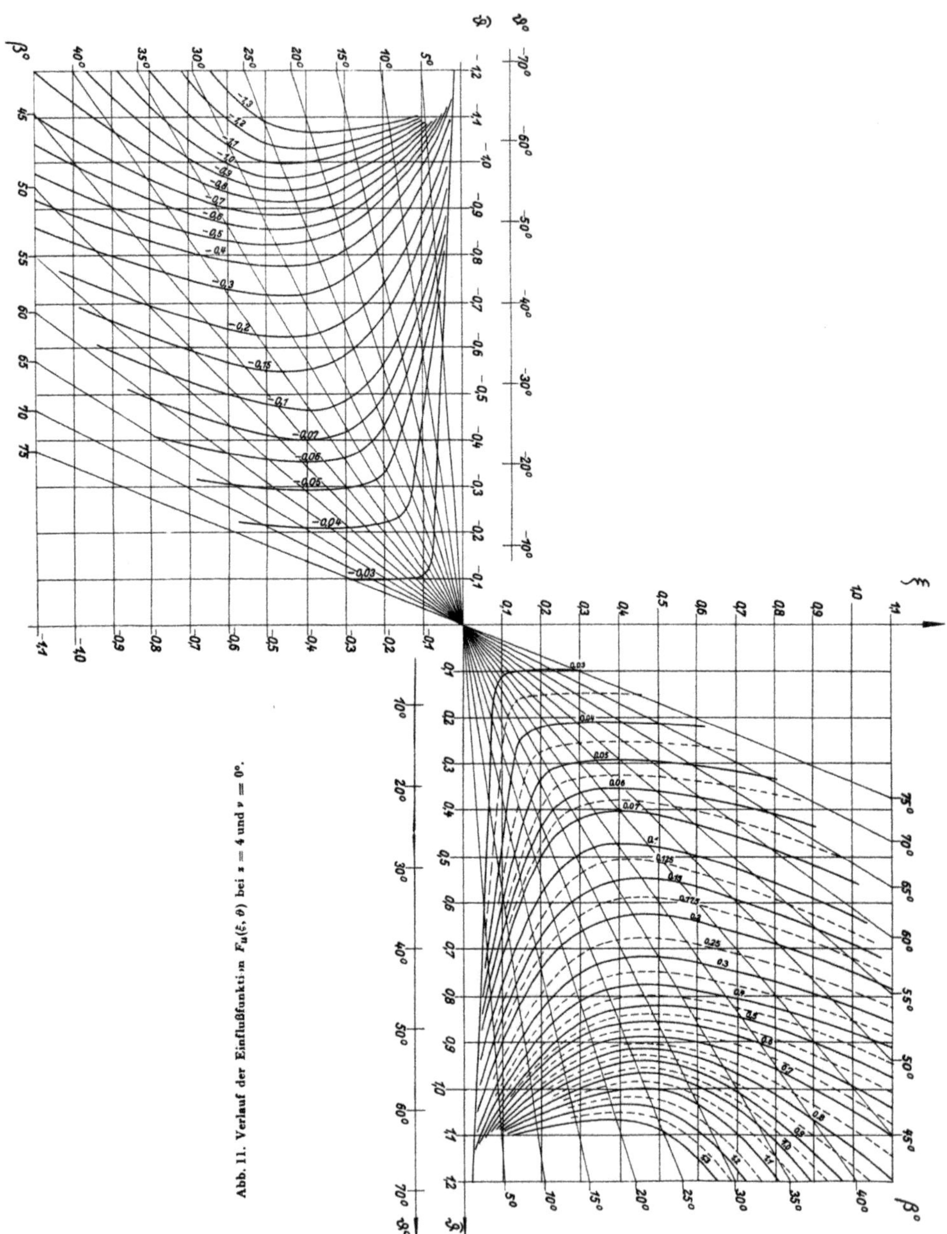

Abb. 11. Verlauf der Einflußfunktion $F_u(\xi, \vartheta)$ bei $z = 4$ und $\nu = 0°$.

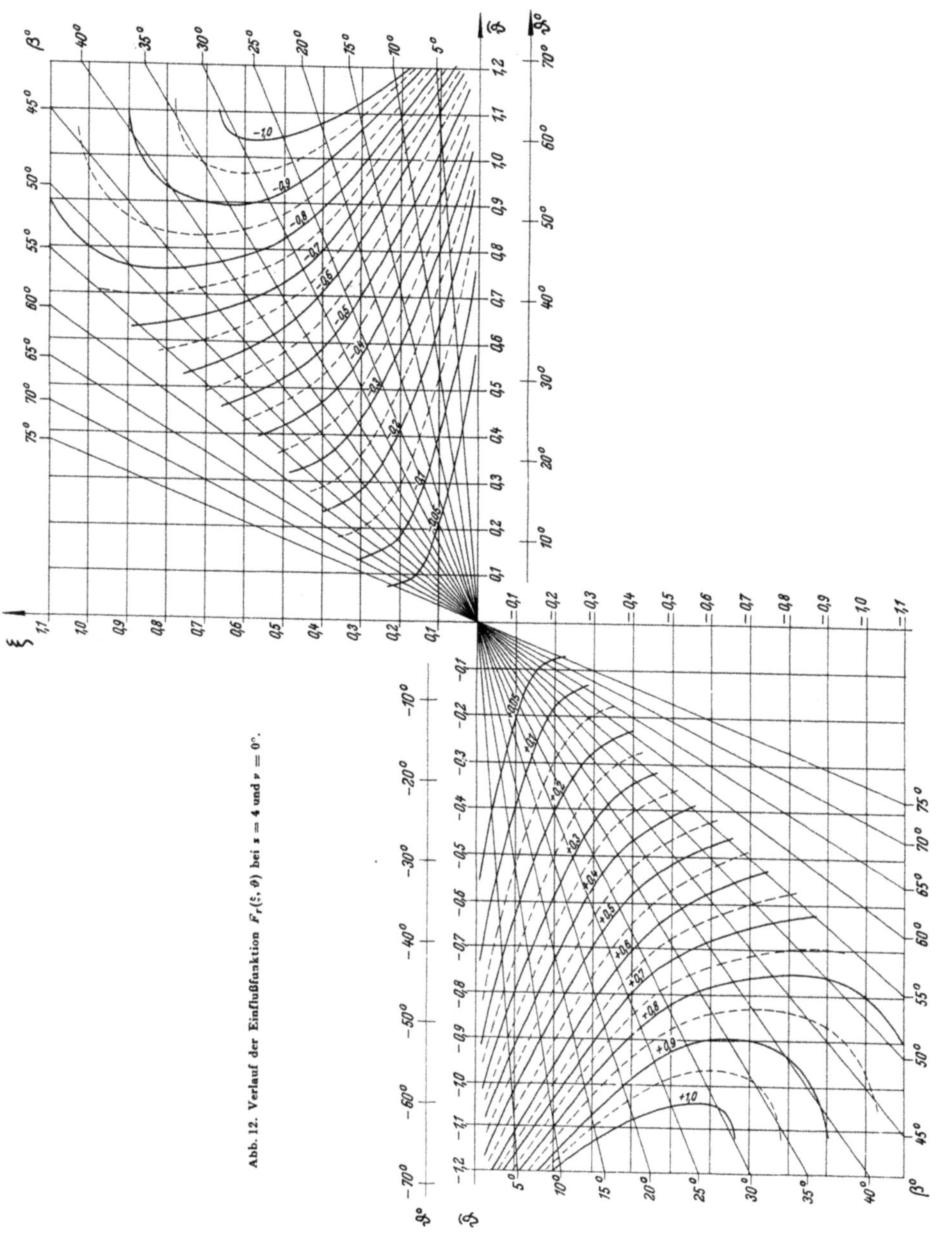

Abb. 12. Verlauf der Einflußfunktion $F_r(\xi, \vartheta)$ bei $z = 4$ und $\nu = 0°$.

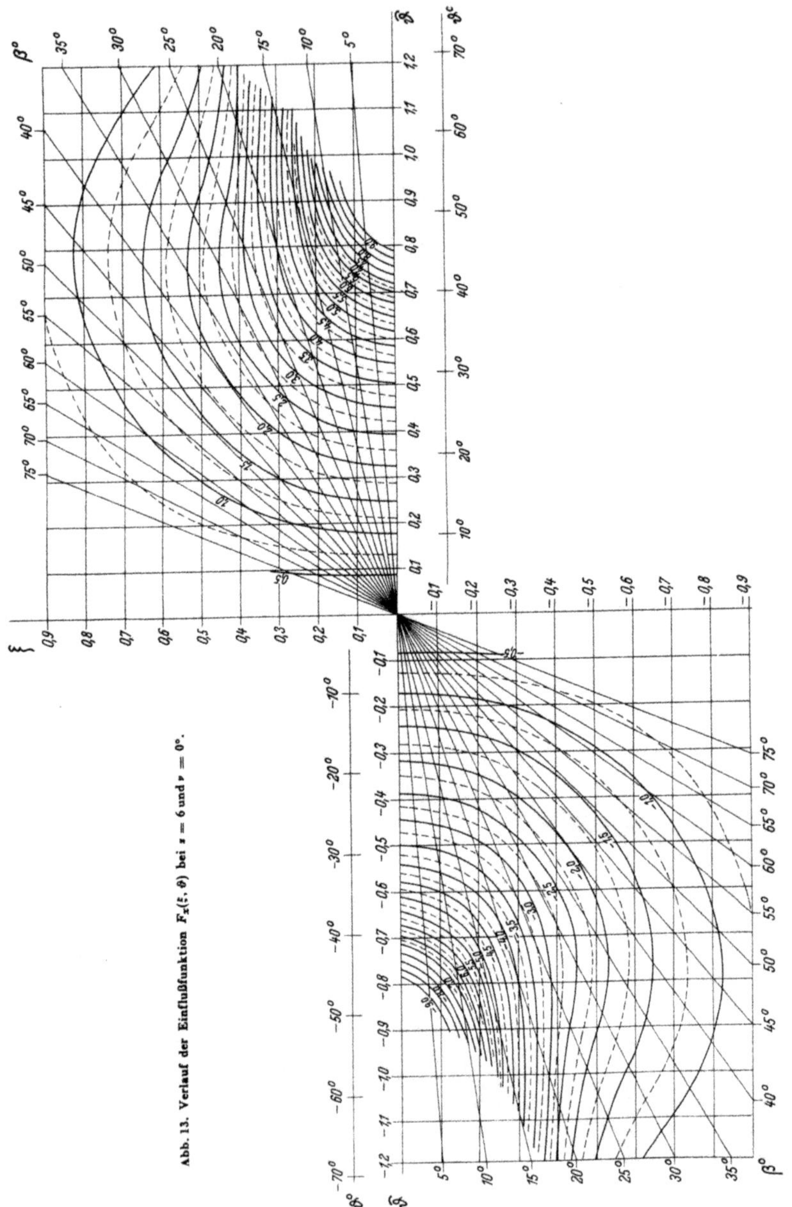

Abb. 13. Verlauf der Einflußfunktion $F_x(\xi, \vartheta)$ bei $z = 6$ und $\nu = 0°$.

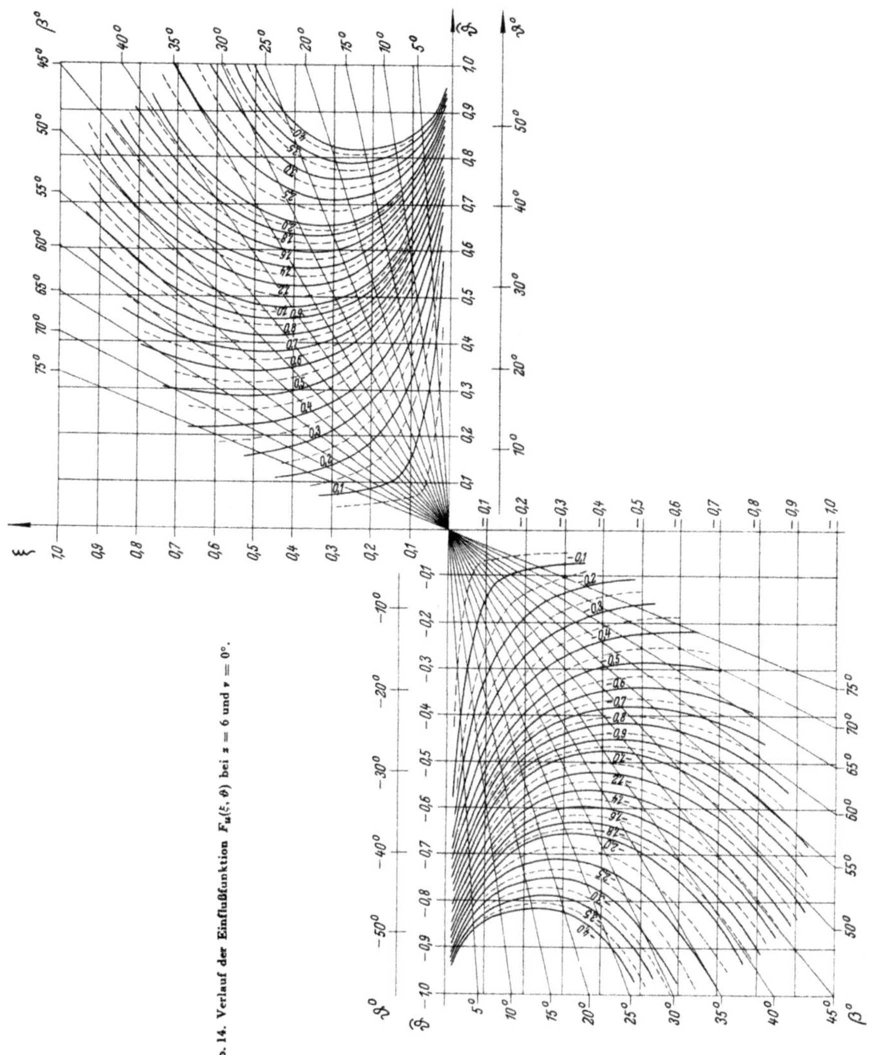

Abb. 14. Verlauf der Einflußfunktion $F_u(\xi, \vartheta)$ bei $z = 6$ und $\nu = 0°$.

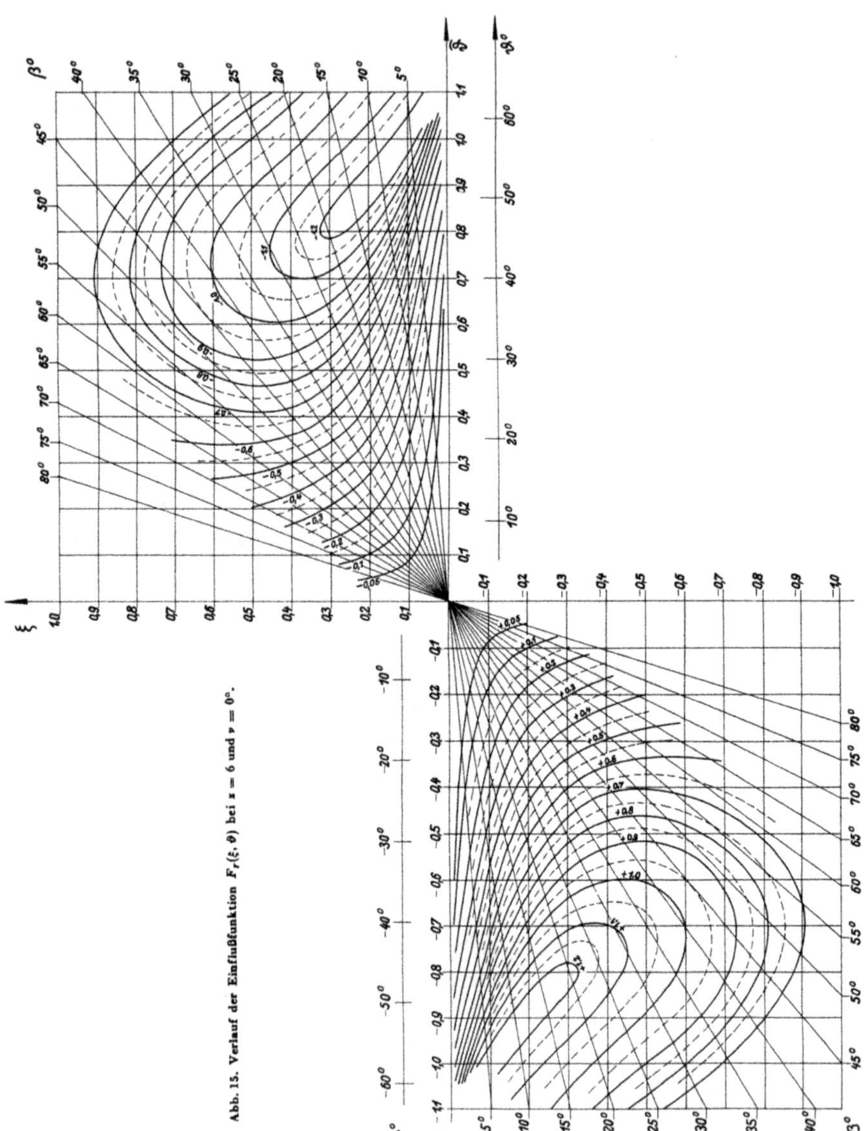

Abb. 15. Verlauf der Einflußfunktion $F_r(\xi, \vartheta)$ bei $z = 6$ und $\nu = 0°$.

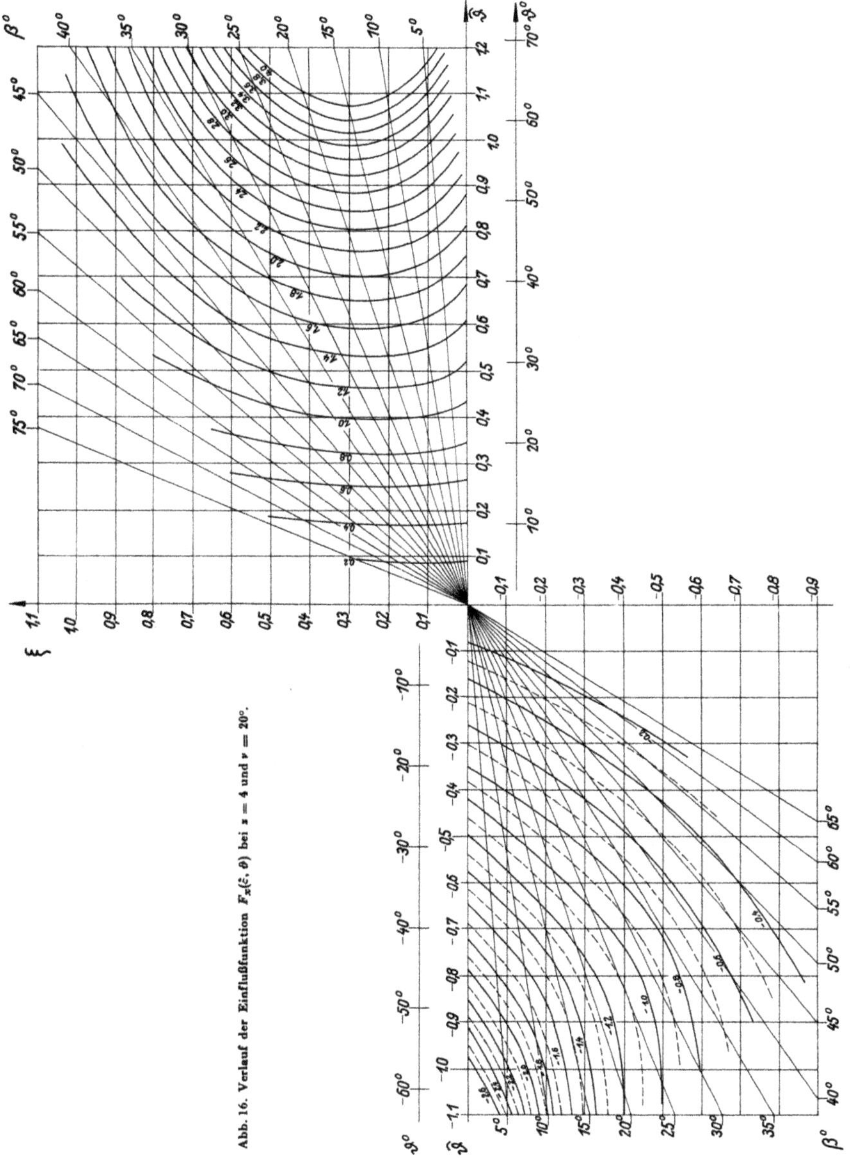

Abb. 16. Verlauf der Einflußfunktion $F_x(\xi, \vartheta)$ bei $s = 4$ und $\nu = 20°$.

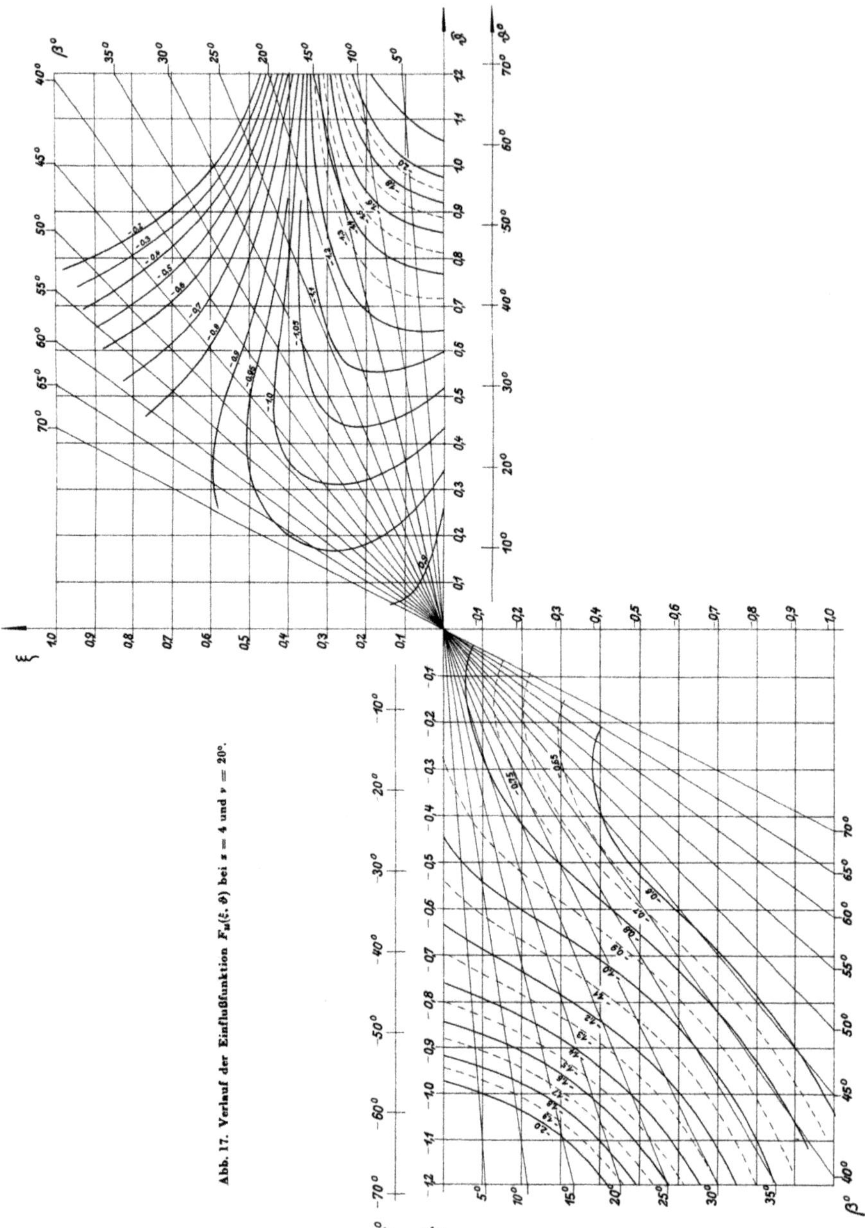

Abb. 17. Verlauf der Einflußfunktion $F_u(\xi, \vartheta)$ bei $s = 4$ und $\nu = 20°$.

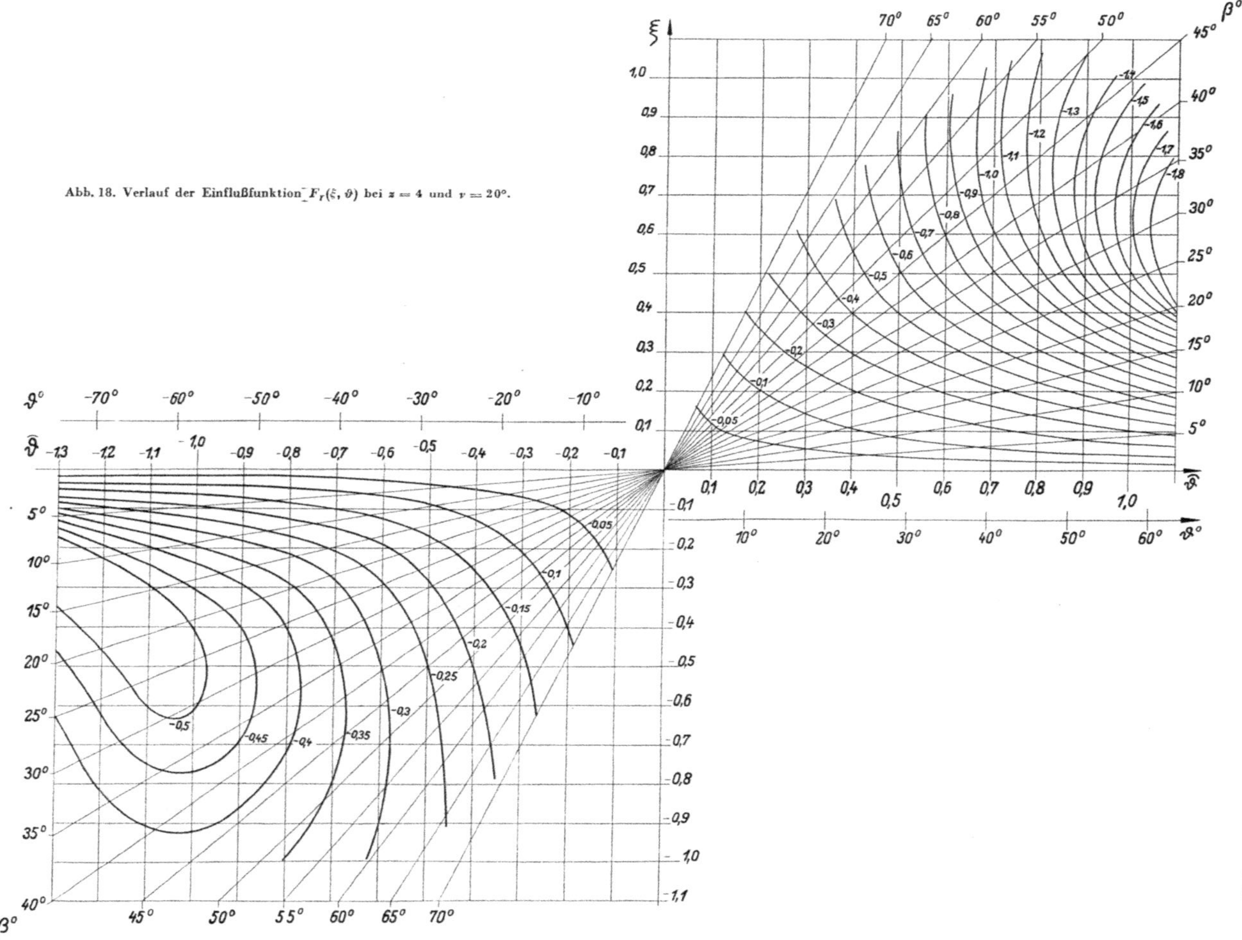

Abb. 18. Verlauf der Einflußfunktion $F_r(\xi, \vartheta)$ bei $z = 4$ und $\nu = 20°$.

rotieren, wobei angenommen wird, daß $c_m \operatorname{ctg} \beta \neq u$ bzw. $\zeta \neq 0$ ist, die Schaufel also keinen senkrechten Austritt erzwingt. Da die Flüssigkeit voraussetzungsgemäß relativ zum Laufrad mit der Winkelgeschwindigkeit ω rotiert, haben die Teilchen relativ zu der mit c_m bewegten Achsnormalebene in Drehrichtung eine Winkelgeschwindigkeit von

$$\omega_e = -\omega - \omega_F = -\zeta\,\omega\,. \tag{98}$$

Damit lautet die Grundgleichung für die Geschwindigkeit $\mathfrak{w}$ der Strömung in einem mit Meridiangeschwindigkeit durch das Laufrad bewegten Kreisringausschnitt zwischen zwei Flügeln

$$\operatorname{rot}\mathfrak{w} = -2\,\zeta\,\omega\,. \tag{99}$$

Drückt man den Rotor in bekannter Weise durch die radiale und tangentiale Geschwindigkeitskomponente w_u und w_r aus, und leitet man diese in der folgenden üblichen Weise von einer Stromfunktion ψ ab[1]

$$w_u = \frac{\partial\Psi}{\partial r}\,, \tag{100}$$

$$w_r = -\frac{\partial\Psi}{r\,\partial\vartheta}\,, \tag{101}$$

dann bekommt man als Grundgleichung für die untersuchte Strömung:

$$\frac{\partial^2\Psi}{\partial r^2} + \frac{1}{r}\,\frac{\partial\Psi}{\partial r} + \frac{1}{r^2}\,\frac{\partial^2\Psi}{\partial\vartheta^2} = -2\,\zeta\,\omega\,. \tag{102}$$

Läßt man ψ auf dem Rand des Kreisringausschnittes verschwinden, welcher bei z Flügeln durch die Geraden $\vartheta = (\pi/z)$ und die Kreise mit $r = r_i$, $r = r_a$ gebildet wird, dann lautet die Lösung von (102) mit den Abkürzungen $\varrho = (r/r_i)$, $\varrho_a = (r_a/r_i)$

$$\psi = -\zeta\,\frac{\omega}{2}\,\varrho^2 r_i^2 + C_1 \ln\varrho + \sum_{n=1}^{\infty} a_n \sin\left(n\,\pi\,\frac{\ln\varrho}{\ln\varrho_a}\right)\mathfrak{Cof}\left(\frac{n\,\pi\,\vartheta}{\ln\varrho_a}\right) + C_2\,, \tag{103}$$

wobei

$$C_1 = \zeta\,\omega\,r_i^2\,\frac{(\varrho_a^2 - 1)}{2\ln\varrho_a}\,, \tag{104}$$

$$C_2 = \frac{\zeta\,\omega\,r_i^2}{2} \tag{105}$$

und

$$a_n = -\frac{\zeta\,\omega\,r_i^2\,[1-(-1)^n]\,[1+\varrho_a^2]\left[\dfrac{1}{n\pi} - \dfrac{n\,\pi}{4\ln^2\varrho_a + n^2\pi^2}\right]}{2\,\mathfrak{Cof}\left(\dfrac{n\,\pi^2}{z\ln\varrho_a}\right)}\,. \tag{106}$$

Abb. 19 zeigt den Stromlinienverlauf innerhalb des Kreisringausschnittes. Man erkennt daraus, daß bei $\zeta > 0$ die Flüssigkeit auf der Druckseite des Flügels nach außen strömt und auf der Saugseite nach innen. Vom Staupunkt der Eintrittskante aus entfernen sich druck- und saugseitige Stromlinie in entgegengesetzter radialer Richtung.

Liegt die beschriebene Sekundärströmung innerhalb einer Achsnormalebene auch am Laufradaustritt vor, dann ist damit ein Energieverlust verbunden, da die radiale und tangentiale Geschwindigkeitskomponente in einem dem Laufrad im allgemeinen folgenden Saugrohr nicht in Druck umgesetzt werden können.

Da die untersuchte Ebene sich laut (97) mit einer Winkelgeschwindigkeit von ω_F relativ zum Flügel bewegt, setzen sich die absoluten Geschwindigkeitskomponenten c_u und c_r am Laufradaustritt wie folgt zusammen:

$$c_u = w_u + (\omega_F + \omega)\,r = w_u + \zeta\,\omega\,r\,, \tag{107}$$

$$c_r = w_r\,. \tag{108}$$

Der auf H bezogene Verlust infolge der oben beschriebenen Sekundärströmung wird damit

$$h = \frac{1}{2\,g\,\pi\,(r_a^2 - r_i^2)\,H} \iint\limits_{(F)} [(w_u + \zeta\,\omega\,r)^2 + w_r^2]\,dF \tag{109}$$

[1] *H. Lamb*, Lehrbuch der Hydromechanik, Leipzig 1931.

oder, in der Stromfunktion ausgedrückt,

$$h = \frac{1}{2\,g\,\pi\,(r_a^2 - r_i^2)\,H} \iint\limits_{(F)} \left[\left(\frac{\partial \Psi}{\partial r}\right)^2 + 2\,\zeta\,\omega\,r\,\frac{\partial \Psi}{\partial r} + \left(\frac{\partial \Psi}{r\,\partial \vartheta}\right)^2 + \zeta^2\,r^2\,\omega^2\right] r\,dr\,d\vartheta\,. \tag{110}$$

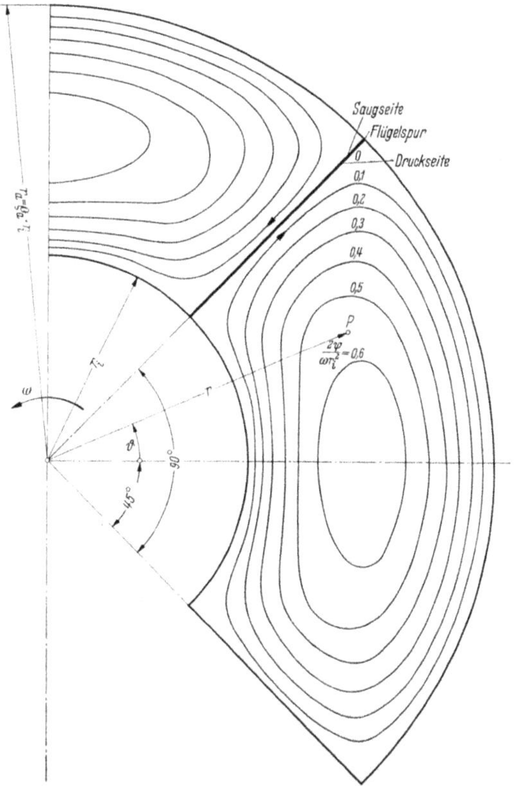

Abb. 19. Relativströmung in einer mit c_m = constans durch das Laufrad bewegten, zur Turbinenachse senkrechten Ebene bei $z = 4$ Flügeln $\zeta > 1$ und einem Nabenverhältnis von 0,45.

Die partielle Integration des ersten und zweiten Gliedes im Integranden nach r und die des dritten Gliedes nach ϑ ergibt im Hinblick auf den verschwindenden Randwert von ψ und mit Rücksicht auf (102) den folgenden Ausdruck für den Energieverlust h infolge Drehung des Laufrades:

$$h = \frac{\zeta^2\,\omega^2\,r_i^2}{4\,g\,H} \left\{\frac{\varrho_a^2 - 1}{\ln \varrho_a} - \frac{8\,z}{\pi}\,(\varrho_a^2 + 1)\ln^2 \varrho_a \sum_{n=0}^{\infty} \frac{1}{m^2\,\pi^2 + 4\ln^2 \varrho_a}\left[\frac{1}{m\,\pi} - \frac{m\,\pi}{4\ln^2 \varrho_a + m^2\,\pi^2}\right] \mathfrak{Tg}\left(\frac{m\,\pi^2}{z\ln \varrho_a}\right)\right\}. \tag{111}$$

Dabei werden mit $m = 2\,n + 1$ die gemäß (106) allein existierenden ungeraden Glieder von (103) berücksichtigt. Die Flügelzahl z muß selbstverständlich von Null verschieden sein.

Im Gegensatz zu dem annähernd mit $\varepsilon\,(u_{id}/c_{m_{id}})$ anzusetzenden Laufradverlust ist der durch die Drehung des Laufrades entstehende Verlust vom Quadrat der bezogenen Umfangsgeschwindigkeit abhängig.

$$\frac{\omega^2\,r^2}{2\,g\,H} = u_{id}^2\,.$$

Eine einfache geometrische Näherungsbetrachtung zeigt, daß der Beiwert ζ mit der Abweichung vom drallfreien Schaufelaustrittswinkel $\Delta\beta$ wie folgt zusammenhängt:

$$\zeta = \frac{2\,\Delta\beta}{\sin 2\,\beta}\,. \tag{112}$$

9. Versuche an einem in Anlehnung an Abschnitt 7 entworfenen Laufrad. Ein im Auftrag der Firma E. Ruch (Oberkirch) zu entwerfendes 4flügeliges Laufrad für eine offene Kaplanturbine, deren Meridianschnitt durch Leitapparat und Laufrad in Abb. 20 zu sehen ist, bot Gelegenheit, die aufgestellten Berechnungsgrundsätze an einem Modellrad von $D_a = 350$ mm Laufradaußendurchmesser im Versuch zu überprüfen.

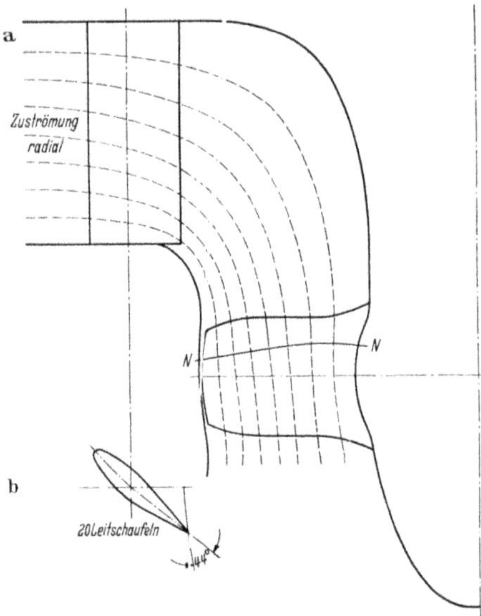

Abb 20. Meridianschnitt durch Leitapparat und Laufraf in Zirkularprojektion mit Meridianstromlinien nach *Strscheletzky* (Lit 5) für radiale Zuströmung zum Leitapparat und die abgebildete Leitschaufelstellung berechnet.

Zunächst wurden für die im Grundriß dargestellte Leitschaufelstellung bei radialer Zuströmung zum Leitrad, wie sie bei einer offenen Turbine in großem Oberwasserbehälter angenommen werden darf, nach dem Vorgang von *Strscheletzky*[1] der in Abb. 20 dargestellte Verlauf der Meridianstromlinien bei einem Gesamtstrom von $Q = 0{,}32$ m³/sec berechnet. Der sich gleichzeitig hiermit ergebende Verlauf der Komponenten der Eintrittsgeschwindigkeit $c_{m_{id}}$ und $c_{u_{1id}}$ entlang der Normalen zu den Meridianstromlinien $n - n$ ist in Tabelle 3 für die drei betrachteten Stromlinien angegeben. Eine durch die in die Strömung hineinragende Leitschaufelkante verursachte steile Zacke in der Geschwindigkeitsverteilung wurde dabei unterdrückt, weil sie im Widerspruch mit der Erfahrung gestanden hätte. Für das Laufrad wurde eine bezogene Umfangsgeschwindigkeit am Außendurchmesser D_a von $u_{id_a} = 1{,}71$ zugrunde gelegt, welche mit dem Gesamtstrom im Entwurfspunkt eine spezifische Drehzahl von etwa $n_s = 600$ U/min ergab.

An dem der Nabe benachbarten Zylinderschnitt i vom Durchmesser $0{,}48 \cdot D_a$ wurde das Teilungsverhältnis t/L so bestimmt, daß bei einem geringen negativen Austrittsdrall der Auftriebsbeiwert nicht zu Ablösungen führte.

Im mittleren Zylinderschnitt m vom Durchmesser $0{,}71 \cdot D_a$ sollte bei der entsprechend gewählten Leitradöffnung und dem zu erwartenden hydraulischen Wirkungsgrad drallfreier Austritt vorliegen.

Am äußeren Zylinderschnitt a^x vom Durchmesser $0{,}94\, D_a$ wurde ein geringer negativer Austrittsdrall vorgesehen, wobei im Teilungsverhältnis auf eine kontinuierliche Umrandung des Flügels zu achten war in Verbindung mit einem festigkeitsmäßig erwünschten Zusammenfall von Profilschwerpunkten und Flügelachse. Der Austrittsdrall in den extremen Zylinderschnitten sollte die Strömung im Saugrohr stabilisieren und durch Herabsetzen von w_∞ in den äußeren Flügelpartien deren Kavitationssicherheit erhöhen. Außerdem konnte hierdurch bei Abweichung vom Konstruktionsgefälle nach oben oder unten für die innere oder äußere Teilturbine ein größerer Wirkungsgrad als üblich erwartet werden und damit ein flacher Verlauf des Gesamtwirkungsgrades über der Fallhöhe.

Die maximale Flügeldicke an der Nabe ergab sich aus der Beanspruchung des Flügelwurzelquerschnittes bei H_{max}. Von hier aus zum Außenrand wurde s_{max} linear über dem Halbmesser auf das technologisch vertretbare Maß vermindert. Die Profiltropfen wurden affin zum Profil Göttingen 398 ausgebildet. Der Neigungswinkel β_{p0} der auftriebslosen Anströmrichtung gegen den Umfang wurde nach Abschnitt 7b) so festgelegt, daß die in Tabelle 3 angegebene Geschwindigkeitsverteilung vor dem Laufrad mit der vom Leitrad her berechneten zusammenstimmte. Hierbei wurde der Saugrohrwirkungsgrad für die Umsetzung der Umfangskomponente η_{su} zu Null angenom-

[1] Siehe die Arbeit von *Strscheletzky* in Fußnote 6 auf Seite 1.

men. Der Saugrohrwirkungsgrad zur Umsetzung der Meridiangeschwindigkeit η_{sm} wurde zu 0,8 angesetzt, ein Wert, welcher annähernd durch nachträgliche Messung bestätigt wurde und der teilweise durch wasserbauliche Wünsche bedingt war. Die Steigung m der $c_a(\delta_0)$-Kennlinie wurde

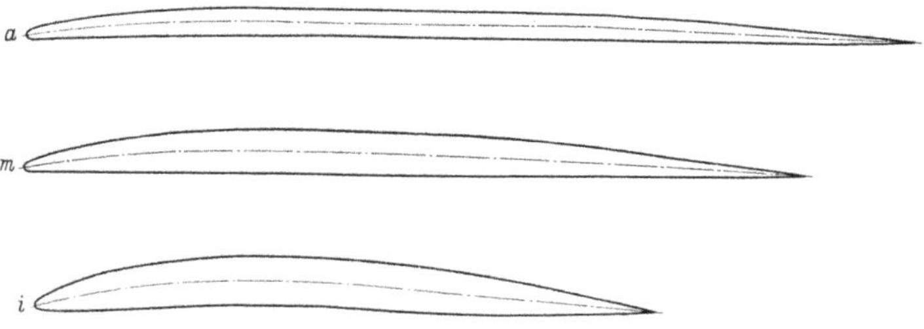

Abb. 21. Zylinderschnitte a, m, i, des Flügels.

aus den auf unendliche Flügelbreite umgerechneten Polaren annähernd ähnlicher Profile zu $m = 4{,}8$ im Mittel angesetzt, wobei für die Profile i und m die der Göttinger Reihen 490 und 491 genommen wurden. Für die Werte β_{p0}, s_{max}, t/L wurde mittels der im Abschnitt 4 behandelten Methode der Verlauf der Skelettlinie für einen konstanten Druck auf der Saugseite festgelegt. Hieraus und aus dem Profiltropfen wurde nach der Methode von *Pantell*[1], ergänzt durch das im Abschnitt 3 angegebene Verfahren von der durch β_{p0} gekennzeichneten auftriebslosen Richtung auf den Staffelungswinkel β geschlossen.

Tabelle 3. *Daten der Zylinderschnitte.*

Zylinder-schnitt	i	m	a^x
u_{id}	0,8225	1,215	1,610
η_h	0,88	0,87	0,86
$c_{u1_{id}}$	0,39	0,34	0,34
$c_{m_{id}}$	0,61	0,54	0,51
L/t	1,07	0,935	0,785
β_{p0} (°)	29,2	21,5	17,5
c_a	1,08	0,61	0,45

Die Entwurfsdaten der so erhaltenen und in Abb. 21 dargestellten Zylinderschnitte sind in Tabelle 3 zusammengefaßt. Dabei ist der hydraulische Wirkungsgrad im Mittel etwa 1% größer als der gemessene Wert angesetzt, um das Verhalten der geplanten Großausführung des Rades zu kennzeichnen. Der für die Berechnung vom Auftriebsbeiwert verwendete Gleitwinkel wurde dem in der Tabelle 3 angegebenen hydraulischen Wirkungsgrad η_h und dem gemessenen Saugrohrwirkungsgrad η_{sm} angepaßt.

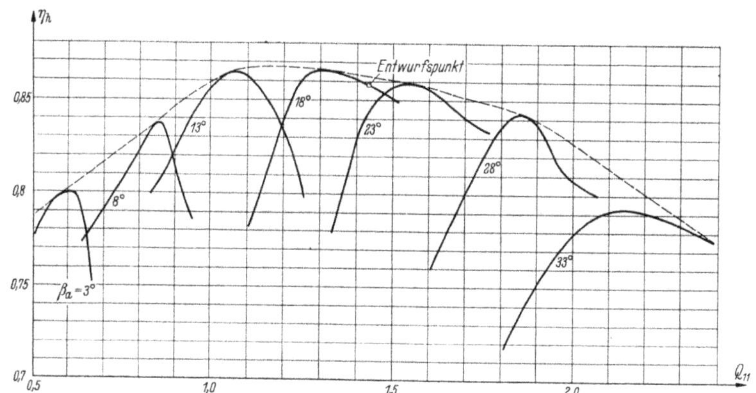

Abb. 22. Hydraulischer Wirkungsgrad η_h über dem Einheitsstrom Q_{11} bei konstanter Flügelstellung β_a im Entwurfspunkt, Einheitsdrehzahl $n_{11} = 145$.

Die Versuche des Modellrades von 350 mm Durchmesser wurden an einem Stand der Technischen Hochschule München durchgeführt, der durch 3,5 m Fallhöhe und etwa 0,90 m³/sec Vollwasserstrom

[1] Siehe die Arbeit von *Pantell* in Fußnote 1 auf Seite 2.

gekennzeichnet ist. Dabei wurde die Turbine in einem Laufradwinkelbereich von etwa 35°, in einem Leitradwinkelbereich von etwa 60° und in einem Drehzahlbereich von 500—1000 U/min abgebremst. Die Fallhöhe wurde durch pneumatische Übertragung mit einem Differenzdruckmanometer, der Gesamtstrom durch die Volumendifferenz eines geeichten Behälters innerhalb einer gemessenen Zeit, die Drehzahl mittels Stichdrehzahlmesser von der Firma Hasler und das Drehmoment an der Kupplung mittels Pendeldynamo gemessen. Das zugehörige Laufradmoment wurde im Schleppversuch mit geeichtem Motor bestimmt.

Abb. 22 zeigt den Verlauf des hydraulischen Wirkungsgrades über dem Einheitsstrom Q_{11} bei der Konstruktionseinheitsdrehzahl n_{11} für verschiedene Laufradstellungen, welche durch den Winkel gekennzeichnet sind, den die Skelettsehne des äußeren Zylinderschnittes mit der Umfangsrichtung einschließt. Man erkennt, daß der Auslegungspunkt mit einem gemessenen Wert[1] von $Q_{11} = 1{,}37$ etwas von der Einhüllenden der Wirkungsgradlinien und deren Maximum abweicht.

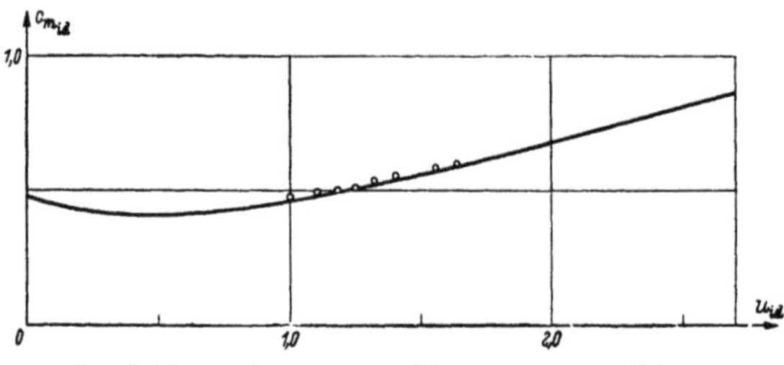

Abb. 23. Vergleich der gemessenen und berechneten $c_{m_{id}}(u_{id})$ Werte.

Um das in Abschnitt **5** beschriebene Verfahren zur Berechnung der $c_{m_{id}}(u_{id})$-Kennlinie einer Teilturbine beurteilen zu können, wurde für den vom Leitapparat her berechneten Winkel α_1 der mittleren Stromfläche die in Abb. 23 dargestellte $c_{m_{id}}(u_{id})$-Linie berechnet. Dieser Linie sind in Abb. 23 die gemessenen Werte des mittleren Stromfadens gegenübergestellt.

10. Zusammenfassung. Es wird angegeben, wie eine aus Leitrad, Übergangsraum, Laufrad und Saugrohr bestehende Kaplanturbine mittels 2-dimensionaler Methoden ausgelegt werden kann, wobei die Verträglichkeit der Strömungsfelder von zwei aufeinanderfolgenden Bauteilen und die kavitationssicherste Druckverteilung auf der Saugseite des Laufradflügels besonders berücksichtigt wird.

Zur Berechnung des Verlaufes vom Gesamtstrom Q über der Drehzahl n wird auf der Grundlage 2-dimensionalen Potentialströmung durch ein Profilgitter für die Teilturbine eine tabellierte, geschlossene Näherungslösung der $c_m(u)$-Linie angegeben.

Weiter werden geschlossene Näherungslösungen mitgeteilt für die Form eines Flügelskeletts im Gitterverband von dünnen Profilen bei konstantem saugseitigen Druck, für die Geschwindigkeitsverteilung hinter dem Leitrad und hinter dem Laufrad bei wirbelbehafteter Strömung, für das 3-dimensionale Geschwindigkeitsfeld der Restflügel bei räumlicher Flügelanordnung und für den Stromlinienverlauf sowie den Verlust infolge Drehung des Laufrades.

In Anlehnung an die angeführte Berechnungsmethode wird eine Modellturbine von 350 mm Laufraddurchmesser und etwa 13 PS mittlerer Leistung gebaut und auf dem Prüfstand des Hydraulischen Instituts der TH München durchgemessen. Das Wirkungsgradoptimum des Rades von $\eta_h \approx 0{,}87$ weicht geringfügig von den Entwurfsdaten ab. Der gemessene Verlauf des Gesamtstromes Q über der Drehzahl n weicht etwa 5% von der für die mittlere Teilturbine berechneten Kennlinie ab.

(Eingegangen am 24. März 1958.)

Anschrift des Verfassers: Dr.-Ing. *J. Raabe*, Privatdozent der Technischen Hochschule München, Torkenweiler bei Ravensburg, Tettnanger Str. 43.

[1] Die Turbine war für einen Einheitsgesamtstrom von $Q_{11} = 1{,}43$ ausgelegt worden.

V/12/6 0,150 (K.B./Z. 040)

www.ingramcontent.com/pod-product-compliance
Ingram Content Group UK Ltd.
Pitfield, Milton Keynes, MK11 3LW, UK
UKHW021930190726
13853UKWH00002B/967
* 9 7 8 3 6 6 2 2 4 4 8 3 8 *